配电网精益管理与技术培训系列丛书

配网不停电作业技术及典型应用

国网江苏省电力有限公司技能培训中心
组编

中国电力出版社
CHINA ELECTRIC POWER PRESS

内 容 提 要

本书基于配电网专业最新发展状况而编写，系统全面地讲述配网不停电作业相关知识的同时，加入丰富的现场案例和最新的技术发展，既能够帮助从业人员建立体系化的认知，也兼具了实用性和前瞻性，从而充分满足配网不停电作业专业人才自我提升的需求。

本书可供配网不停电作业专业技术人员和管理人员阅读，也可作为配网不停电作业的培训教材。

图书在版编目（CIP）数据

配网不停电作业技术及典型应用/国网江苏省电力有限公司技能培训中心组编．—北京：中国电力出版社，2023.5（2024.3 重印）

（配电网精益管理与技术培训系列丛书）

ISBN 978-7-5198-7132-1

Ⅰ．①配…　Ⅱ．①国…　Ⅲ．①配电系统－带电作业－技术培训－教材　Ⅳ．①TM727

中国版本图书馆 CIP 数据核字（2022）第 187553 号

出版发行：中国电力出版社
地　　址：北京市东城区北京站西街 19 号（邮政编码 100005）
网　　址：http://www.cepp.sgcc.com.cn
责任编辑：刘丽平　张冉昕（010-63412364）
责任校对：黄　蓓　常燕昆
装帧设计：赵丽媛
责任印制：石　雷

印　　刷：北京天泽润科贸有限公司
版　　次：2023 年 5 月第一版
印　　次：2024 年 3 月北京第二次印刷
开　　本：787 毫米×1092 毫米　16 开本
印　　张：10.75
字　　数：227 千字
定　　价：55.00 元

编 委 会

主　　编　张　强　戴　锋

副 主 编　吴　奕　黄建宏　陈　辉

编　　委　查显光　朱　伟　吴　俊　赵俊杰　陈金刚
　　　　　戴　宁　刘利国　傅洪全　朱卫平　陈　曦

编 写 组

组　　长　傅洪全　马仲坤

副 组 长　邵　九　周照泉

成　　员　张　冬　章　立　杨　波　秦　(虎虎)　祖　杰
　　　　　王伟之　陈晓建　孟晓承　姜　坤　张　兵
　　　　　戴成弟　顾　韧　高晓宁　邓建军　马　骏
　　　　　王德海　黄泽华　郭玉威　杨茗茗　王康之

前言

配电网是能源互联网的重要基础，是新型电力系统建设的核心环节，是影响供电质量、服务水平的关键，是服务经济社会发展、服务民生的重要基础设施。在国家“双碳”能源战略背景下，“十四五”期间分布式光伏迎来全方位爆发，配电网形态和运行特性发生重大变化，配电网安全质量和服务水平也面临新的挑战。新技术、新设备、新材料、新工艺等的大量使用，使得配电网技术状况发生根本性改变，配电网从业人员亟须从观念、知识、技能等方面进行系统性更新，全面适应现代配电网的发展需要。

为此，国网江苏省电力有限公司组织从事配电网工作的一线管理和技术骨干，于2022 年 3 月启动了“配电网精益管理与技术培训系列丛书”的编写工作。丛书的编写立足配电网专业发展现状，放眼配电网专业未来趋势，在结合配电网领域最新国家标准、行业标准、企业标准及电网企业管理规范、制度的基础上，充分融入了国网江苏省电力有限公司及各兄弟单位近年来在配电网专业领域的最新实践成果与典型经验，从管理、技术两大维度入手，对配电网专业相关知识进行了全面梳理和系统化构建，搭建了一套相对完整的配电网专业知识体系。

整套丛书共分为 5 册，本书是《配网不停电作业技术及典型应用》分册。本书基于配电网专业最新发展状况而编写，系统全面地讲述配网不停电作业相关知识的同时，加入丰富的现场案例和最新的技术发展，既能够帮助从业人员建立体系化的认知，也兼具了实用性和前瞻性，从而充分满足配网不停电作业专业人才自我提升的需求。本书可供配网不停电专业技术人员、管理人员阅读，也可作为配网不停电作业的培训教材。

本丛书由国网江苏省电力有限公司组织编写，中国电力科学研究院、国网浙江省电力有限公司、国网河南省电力有限公司、国网辽宁沈阳供电公司、国网福建省电力有限公司、中国南方电网有限责任公司超高压输电公司百色局、广西电网有限责任公司南宁供电局等多家单位的专家、一线业务骨干参与了书稿各阶段的编写、审核和讨论，提出了许多宝贵的意见和建议。在此谨向各参编单位和个人表示衷心的感谢，向关心和支持丛书编写的诸位领导表示诚挚的敬意。

由于时间仓促，加之编者能力所限，本书难免存在不足之处，恳请各位读者批评指正。

编　者

2022年12月

目 录

第一章　概　　述

第一节　配网不停电作业发展历程

一、国外带电作业发展状况

截至 2021 年，世界上已有 80 多个国家开展了配电带电作业的研究与应用，其中美国、日本、法国、德国、中国、意大利等多个国家已广泛应用带电作业技术。各国带电作业基本都是从配电架空线路开始，逐步发展到输电线路和特高压线路。

（一）美国的带电作业

美国是世界上最早开展配电带电作业的国家。从 1918 年开始，美国就使用木制杆和简易工具，采用地电位作业方式，在 22kV、34kV 等电压等级线路上开展带电作业。1920 年英国生产出第一副绝缘手套。1950 年，第一辆绝缘斗臂车在美国问世。1964 年，玻璃纤维操作杆在美国广泛使用。随着配电带电作业技术的日益成熟以及用户对供电质量要求的不断提高，美国从 20 世纪 60 年代开始，逐步取消配电网计划性停电检修，所有的检修作业均通过不停电作业来完成。截至 2021 年，美国从事配电线路检修、建设的作业人员约 40 万人，均具备带电作业资质和能力，共有各类检修作业车辆 10 万余辆。配电架空线路不停电作业中，绝缘手套作业法约占 70%，绝缘杆作业法约占 30%。美国配电带电作业工器具种类齐全，针对每一类配电设备，均有相对应不停电作业工器具。美国十分重视配电带电作业人员的培训工作，培训体系非常完善，新从业人员只能承担简单辅助工作，在接受为期 4 年共计 4000h 的培训后，才可以作为主要作业手开展带电作业；同时，企业每 3 或 4 年会对从业人员开展职业能力测试，未通过人员必须进入培训机构或企业培训中心重新培训。

（二）日本的带电作业

日本的配电带电作业起步于 20 世纪 40 年代初期，其先引进美国带电作业技术，通过消化吸收，逐渐形成自己的特色。日本开发的配电带电作业工具种类繁多，而且系列和规格齐全，尤其是绝缘防护用具和绝缘遮蔽用具，适用于各个配电电压等级。初期日本带电作业使用绝缘手套作业较多，自 2021 年起，日本普遍采用绝缘平台＋绝缘杆作业法。

近几年，日本的配电带电作业及维护检修工作已逐渐实现机械化、自动化，并对机器人带电作业进行了广泛研究，处于技术领先地位。

（三）苏联带电作业

苏联于 20 世纪 50 年代开展配电带电作业的实验研究。1955 年，苏联开始在 35kV 架空线路上开展更换直线木杆、耐张杆木横担等带电作业项目。1980 年，苏联建成世界上第一条 1150kV 特高压交流输电线路后，逐步将配电带电作业向 110kV、330kV、500kV、750kV 等电压等级输电线路和 1150kV 特高压输电线路上发展应用。目前，俄罗斯开展的带电作业项目非常多，几乎涵盖了 6～1150kV 的所有电压等级线路，形成了一整套完善的带电作业体系。

（四）欧洲国家的带电作业

欧洲国家的带电作业以法国为代表，法国的带电作业始于 1960 年，并于 1975 年开始进行技术出口。法国设有专门的标准制定机构、研究机构以及培训机构，实现全国统一管理。其规范化、专业化的管理和科研发展，对我国有很强的借鉴意义。

法国中压带电作业（架空）由电网维护工程师调派，通常是提供电网维护服务和部分设备的接入工作。作业过程结合了三种方法：操作杆法、徒手法和绝缘手套法。典型示例分别有拆引线和接引线、为电网安装临时设备、绝缘子的更换、中压和低压设备的安装、更换和保养、在导线上的工作、电线杆的安装。

法国低压带电作业始于 20 世纪 80 年代初。此项方法已于 1982 年写入准则，在配电设施作业中大量应用，低压电网（架空和地下电缆）与用户维护、电网控制或维修有关的设备操作通常都以带电作业形式完成。

德国从 1971 年开始采用带电作业，目前从配电线路到超高压送电线路都开展带电作业项目。在意大利和丹麦等国也有专门的带电作业培训机构进行专门的带电作业培训。

二、国内带电作业发展状况

我国从 1952 年开始对配电带电作业进行研究尝试。1953 年对带电清扫、更换和拆装配电设备及引线工具进行了研究制造。1954 年鞍山电业局采用地电位作业方式，完成了带电更换 3.3kV 配电架空线路横担、绝缘子等作业项目，尽管作业工具十分粗糙笨重，但第一次实现了配电带电作业，标志着我国配电带电作业正式开展。1956 年，我国第一个带电作业专业组在鞍山电业局成立。1958 年，我国第一期全国带电作业培训班在鞍山举办。

因受工器具材料、性能等方面的限制，加上早期配电网设计建设时未充分考虑带电作业开展需要，我国在很长一段时间配电带电作业项目主要为一些较简单的地电位操作项目。20 世纪 90 年代起，我国逐步引进、吸收国外先进绝缘斗臂车、绝缘操作杆、绝缘防护用具等，并根据我国电网特点，开展创新研究，作业装备与器具不断丰富，配电带电作业的作业项目、人员队伍、作业次数得到长足发展。

为加强配电线路带电作业管理，规范作业流程，推动带电作业广泛应用，2002 年，武汉高压研究所、福建省电力公司、厦门电业局、江苏省电力公司等单位联合编制了《配电线路带电作业技术导则》（GB/T 18857—2002），规定了10kV电压等级配电线路带电作业的作业方式、绝缘工具、防护用具、操作要领及安全措施等（3kV、6kV配电线路的带电作业可参照本标准）。该导则的出台有效指导并推动了各单位配电线路带电作业项目的开展。

2008年，国家电网公司出台了《带电作业实训基地认证办法》（国家电网人资〔2008〕1318号），开始组织对带电作业实训基地进行统一认证评审。2010年，国家电网公司首次认证了首批国家电网公司级和省公司级培训基地。

2009年，国家电网公司颁布了《10kV旁路作业设备技术条件》（Q/GDW 249—2009）。在此基础上，结合我国配电线路特点，逐步试点开展旁路作业检修架空线路、旁路作业检修电缆线路以及临时取电作业等配网不停电作业项目。

2012年，国家电网公司提出配网检修作业应遵循“能带不停”的原则，从实现用户不停电的角度定义电网检修工作，“带电作业”的内涵扩展至“不停电作业”。

2014年，我国对高海拔地区配网架空线路带电作业技术进行了研究。2016年，国网西藏拉萨供电公司在海拔近4000m的高原上，成功实施了高海拔10kV配电线路带电作业，填补了西藏高海拔地区配电网带电检修作业的空白。2019年，《配电线路带电作业技术导则》（GB/T 18857—2019）进行了第二次修编，增加了海拔1000～4500m地区10kV带电作业技术要求。

2018年，国家电网公司、南方电网公司等单位对0.4kV低压不停电作业技术进行研究，并组织多家生产单位进行试点应用。编写了项目标准化作业指导书和培训教材，并把作业对象由传统的架空、电缆线路延伸至低压配电柜（房）和用户终端等以往不停电运维不涉及的设备。

我国配电带电作业经过70余年的不断发展与提高，特别从20世纪90年代开始，作业方式从“点”发展到“面”，从技术上已基本满足取消配电网计划停电，全面实现用户不停电的检修方式，2020年初，国内部分省市核心区取消计划停电检修方式。

截至2021年7月，全国共有配网不停电作业班组近3800个，作业人员约38980人作业专用车6700余辆，全面开展配网不停电作业项目，覆盖管辖区域内全部城市，真正实现了“用电更有保障，接电更加快速，服务更有品质”。

第二节 配电带电作业与配网不停电作业简介

一、带电作业与不停电作业的含义

2012年，国家电网公司将配电带电作业概念进一步扩展为“以用户不停电为中心”的配网不停电作业概念。

配网不停电作业的基本含义是：在客户不停电或少停电(指停电次数少、范围小、时间短)状态下采用多种方式进行电力施工、检修等作业。不停电作业可以借助运行方式调整、作业方式优化及带电作业技术综合运用等手段，实现客户不停电或少停电目标。配网不停电作业的概念从用户侧出发，体现了国家电网公司“人民电业为人民”的服务宗旨。

带电作业是指在一定的条件下，在运行线路上(或其他带电设备)进行检修或改造的一种特殊作业方式。带电作业又分为输电带电作业、配电带电作业以及变电带电作业。配电带电作业是带电作业的一个分支，只是配电网检修的手段之一，是从电力设备带电运行状态来定义检修工作。

二、带电作业的优缺点及特点

（一）优点

（1）保证可靠地、连续地向用户供电。

停电检修会降低供电线路的可靠性，造成供电不足；断开系统间的联络线，还会影响到系统的稳定性。但不停电检修能使系统保持在最佳工况且发电机在经济工况下运行[1]。

（2）及时消除线路缺陷，提高架空线路运行的可靠性。

供电检修线路在很多情况下受到限制，这将使线路的小缺陷由于不能及时处理而发展，引起线路故障停电，这将对国民经济造成损失。

（3）减少电能损耗。

在配电网中，由于断开线路将使最佳配电形式发生变化，如通过环网等措施远距离送电，这将增大线路的损耗，因此带电作业可降低电网的电能损失。由于带电作业实施的灵活性，人员和机械设备能更好地按计划均衡地承担线路检修工作，减少不必要的加班。

（二）缺点

带电检修比停电检修要困难得多，进行带电作业工作，必须采用专门的屏蔽服、绝缘服、仪器设备和绝缘工具，与停电作业比较，带电作业的项目相对较少，带电作业的条件在一定程度上限制了带电作业的应用范围，如何能更多、更广泛的进行多种项目的带电作业工作，是目前国内外带电作业工作者积极探索的方向。

（三）特点

带电作业是一种不停电的检修作业，是一种特殊作业方式，是在高空和强电场条件下进行的作业，其特点如下：

（1）带电作业是科学和安全的。

（2）带电作业的效率高。

---

[1] 若 500kV 线路停电，多数情况要减少发电机的发电量，这将增加发电的煤耗指标。

（3）带电作业环境特殊。

（4）带电作业是团队作业。

（5）带电作业不受停电时间的限制。

（6）带电作业在一定范围内受环境和气候的限制。

（7）开展带电作业具有极大的经济效益和社会效益。

（8）带电作业可以提高系统稳定性。

第三节 配电带电作业方法

在带电作业中，电对人体的作用有两种：一种是在人体的不同部位同时接触了有电位差（如相与相之间或相与地之间）的带电体时产生的电流危害；另一种是人在带电体附近工作时，尽管人体没有接触带电体，但人体仍然会由于空间电场的静电感应而产生风吹、针刺等不适感。经测试证明，为了保证带电作业人员不受到触电伤害，并且在作业中没有任何不适感地安全地进行带电作业，就必须具备三个技术条件：

（1）流经人体的电流不超过人体的感知水平 1mA。

（2）人体体表局部场强不超过人体的感知水平 240kV/m。

（3）人体与带电体（或接地体）保持规定的安全距离。

按使用的工具分类，配电带电作业可分为绝缘杆作业法和绝缘手套作业法。

按作业人员的自身电位分类，配电带电作业可分为地电位作业法、中间电位作业法。

一、按使用的工具分类

（一）绝缘杆作业法

绝缘杆作业法（也称为间接作业法），按照 GB/T 14286—2008《带电作业工具设备术语》，对“绝缘杆作业”的定义为：作业人员与带电部分保持一定距离，用绝缘工具进行作业。

绝缘杆作业法是指作业人员与带电体保持规定的安全距离，穿戴绝缘防护用具，通过绝缘杆进行作业的方式。绝缘杆作业法中，作业人员不直接接触带电体，因此属于间接作业。绝缘杆作业法既可在登杆作业中采用，也可在斗臂车的工作斗或其他绝缘平台上采用。因此绝缘杆作业法既可以是地电位作业又可以是中间电位作业。

（二）绝缘手套作业法

绝缘手套作业法（也称为直接作业法），按照 GB/T 14286—2008《带电作业工具设备术语》，对“绝缘手套作业”的定义为：作业人员通过绝缘手套并与周围不同电位适当隔离保护的直接接触带电体所进行的作业。

绝缘手套作业法中作业人员使用绝缘斗臂车、绝缘梯、绝缘平台等绝缘承载工具与大地保持规定的安全距离，穿戴绝缘防护用具与周围物体保持绝缘隔离，通过绝缘手套对带电体直接作业的方式，属于直接作业法。

二、按作业人员的自身电位分类

按作业人员的自身电位来划分，带电作业可分为地电位作业、中间电位作业、等电位作业三种方式。由于配电线路电气结构距离较小，人员作业空间狭小，作业过程容易侵犯安全距离，所以在配电带电作业中禁止等电位作业方法。

（一）地电位作业法

地电位作业法是作业人员保持人体与大地（或杆塔）同一电位，通过绝缘工具接触带电体的作业。这时人体与带电体的关系是：大地（杆塔）人→绝缘工具→带电体。地电位作业法位置示意图如图 1-1 所示。

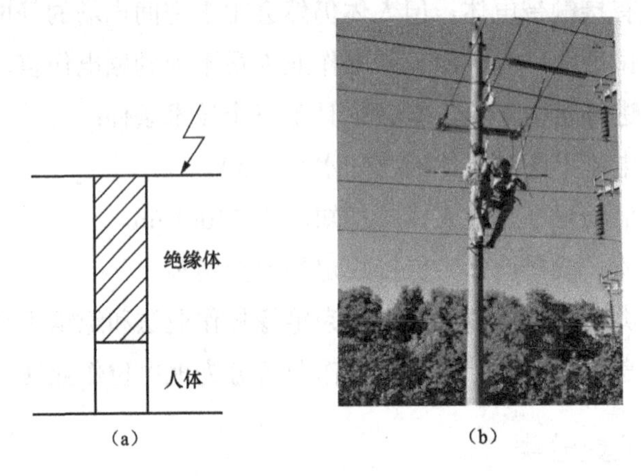

图 1-1 地电位作业法位置示意图

（a）位置示意图；（b）实际操作图

作业人员位于地面或杆塔上，人体电位与大地（杆塔）保持同一电位。此时通过人体的电流有两条通道：①带电体→绝缘操作杆（或其他工具）→人体→大地，构成电阻通道；②带电体→空气间隙→人体→大地，构成电容电流回路。这两个回路电流都经过人体流入大地（杆塔）。严格地说，不仅在工作相导线与人体之间存在电容电流，另两相导线与人体之间也存在电容电流。但电容电流与空气间隙的大小有关，距离越远，电容电流越小，所以在分析中可以忽略另两相导线的作用，或者把电容电流作为一个等效的参数来考虑。地电位作业法等效电路示意图如图 1-2 所示。

由于人体电阻远小于绝缘工具的电阻，即 $R_r \ll R$，人体电阻 R_r 也远远小于人体与导线之间的容抗，即 $R_r \ll X_c$，因此在分析流经人体的电流时，人体电阻可忽略不计。

带电作业所用的环氧树脂类绝缘材料的电阻率很高，如绝缘管材的体积电阻率在常态下均大于 1012Ω · cm。由于绝缘材料的绝缘电阻非常大，流经其泄漏电流也就只有微安级。

只要人体与带电体保持安全距离，人与带电体之间空间容抗也就很大，其空间电容电流也就只有微安级，远远小于人体电流的感知值 1mA，所以带电作业是安全的。

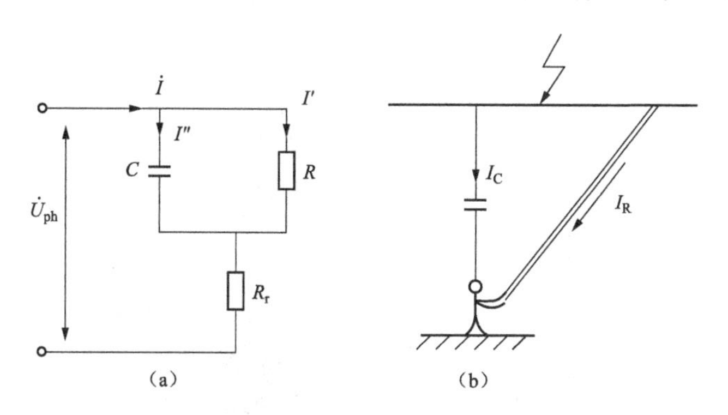

图 1-2　地电位作业法等效电路示意图

（a）等效电路图；（b）操作示意图

但是必须指出的是，绝缘工具的性能直接关系到作业人员的安全，如果绝缘工具表面脏污，或者内外表面受潮，泄漏电流将急剧增加。当增加到人体的感知电流以上时，就会出现麻电甚至触电事故。因此在使用时应保持工具表面干燥清洁，并注意妥当保管，防止受潮。如在地电位作业时，如果绝缘杆存在沿面电流时，其等效电路如图 1-3 所示。

由于 R 与 R'并联，使绝缘电阻减小（下降两个数量级），而带电体电压不变，所以通过人体的电流增大为 $I_R+I'_R$（上升两个数量级，达到毫安级水平），可能使人体受到伤害。

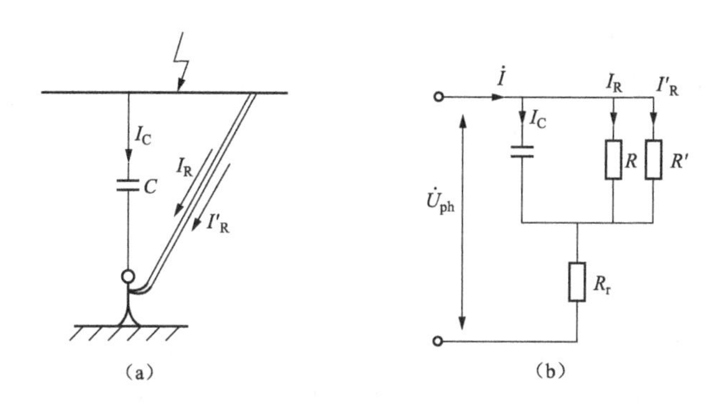

图 1-3　绝缘工具存在泄漏电流时地电位作业法等效电路图

（a）地电位作业示意图；（b）等效电路图

R、I_R—绝缘工具的电阻及流过它的绝缘电流；R'、I'_R—绝缘工具的表面电阻及流过它的表面电流

绝缘工具的性能直接关系到作业人员的安全，如果绝缘工具表面脏污或者受潮，泄漏电流将急剧增加。当增加到人体的感知电流以上时，就会出现麻电甚至触电事故。因此在使用时应保持工具表面干燥清洁，并注意妥当保管，防止受潮。

（二）中间电位作业法

中间电位作业法是指人体的电位是介于地电位和带电体电位之间的某一悬浮电位的作

业方法。它要求作业人员既要保持对带电体有一定的距离，又要保持对地有一定的距离。这时，人体与带电体的关系是：大地（杆塔）→绝缘体→人体→绝缘工具→带电体。中间电位作业法示意图如图 1-4 所示。

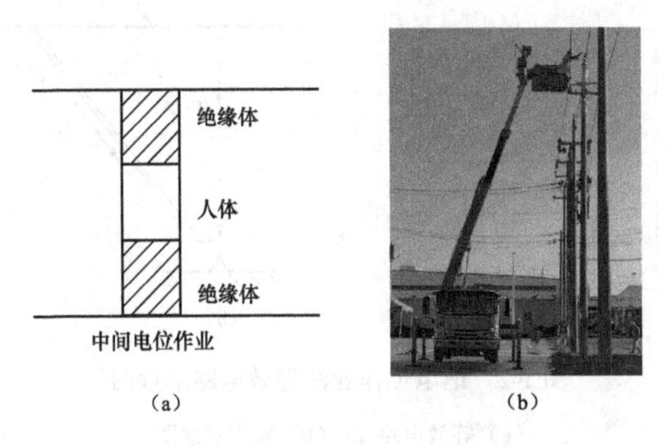

图 1-4　中间电位作业法位置示意图

（a）位置示意图；（b）实际操作图

中间电位作业法是指人体处于接地体和带电体之间的电位状态，使用绝缘工具间接接触带电设备来达到其检修目的的方法。其特点是：人体处于中间电位下，占据了带电体与接地体之间一定空间距离，既要对接地体保持一定的安全距离，又要对带电体保持一定的安全距离。在配电线路带电作业中，只要作业人员既对接地体保持一定的绝缘强度，又对带电体保持一定的绝缘强度，就可以进行作业。这是由于配电线路电压等级较低，可以通过绝缘材料包裹形成一定绝缘强度，代替一定的空间距离，达到安全作业的目的，配电线路的绝缘手套法或者作业人员在绝缘承载工具上利用操作杆作业都属于此种作业原理。而输变电带电作业中，电压等级较高，没有绝缘材料能包裹形成一定绝缘强度，所以必须需要一定的安全距离来保证带电作业安全。

当作业人员站在绝缘梯上或绝缘平台上，用绝缘工具进行的作业即中间电位作业，此时人体电位是低于导电体电位、高于地电位的某一悬浮的中间电位。中间电位作业法为接地体→绝缘体→人体→绝缘体→带电体，人体通过两部分绝缘体分别与接地体和带电体隔开，由两部分绝缘体限制流经人体的电路，所以只要绝缘操作工具和绝缘平台的绝缘水平满足规定，由绝缘操作工具的绝缘电阻和绝缘平台的绝缘电阻组成的绝缘体可将泄漏电流限制到微安级水平。同时，两段空气间隙达到规定的作业间隙，由两段空气间隙组成的电容回路也可将通过人体的电容电流限制到微安级水平，中间电位作业就可以安全地进行。由于人体电位高于地电位，体表场强也相对较高，应采取相应的电场防护措施，以防止人体产生不适。

采用中间电位法作业时，人体与导线之间构成一个电容 C_1，人体与地（杆塔）之间构成另一个电容 C_2，绝缘杆的电阻为 R_1，绝缘平台的绝缘电阻为 R_2。

中间电位作业法的等效电路图如图 1-5 所示。

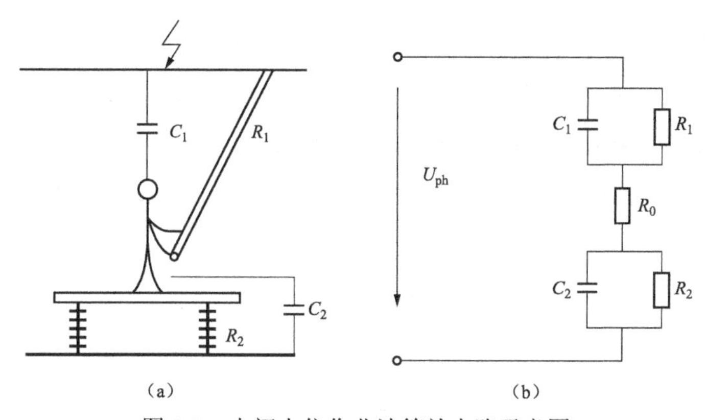

图 1-5 中间电位作业法等效电路示意图

(a) 位置示意图;(b) 等效电路图

由等效电路可以计算出人体的电位为:人体处于地电位与带电体之间的一个悬浮电位,人体只要与带电体和地之间保持足够的绝缘,工作就是安全的。

作业过程中应有如下注意事项:

(1) 不允许地面作业人员直接用手向中间电位作业人员传递物品。若直接接触或传递金属工具,由于二者之间的电位差,将可能出现静电电击现象;若地面作业人员直接接触中间电位人员,相当于短接了绝缘平台,使绝缘平台的电阻 R_2 和人与地之间的电容 C_2 趋于零,不仅可能使泄漏电流急剧增大,而且因组合间隙变为单间隙,有可能发生空气间隙击穿,导致作业人员电击伤亡。

(2) 绝缘平台和绝缘杆应定期检验,保持良好的绝缘性能,其有效绝缘长度应满足相应电压等级规定的要求,其组合间隙应比相应电压等级的单间隙大 20%左右。

三、综合不停电作业法

根据国家电网公司企业标准 Q/GDW 10520—2016《10kV 配网不停电作业规范》的规定,综合不停电作业法是指以实现用户的不停电或短时停电为目的,采用多种方式对设备进行检修的作业。在现阶段工程实践中常常应用移动电源装备(含中低压发电车、UPS 储能车等装备)和旁路负荷开关类装备(含移动箱变车、移动环网箱车、旁路负荷开关车等),通过旁路柔性电缆进行连接,作业过程中根据现场实际综合运用绝缘杆作业法、绝缘手套作业法实现不停电作业全过程。

目前开展的第四类综合不停电作业项目,如旁路作业检修架空线路以及不停电更换柱上变压器等,是一项提高配电网供电可靠性的新型带电作业项目,但相对而言,人员规模、工器具装备投入要求较高。

1. 旁路作业法

旁路作业法的原理是:通过旁路柔性电缆、快速连接电缆接头和旁路负荷开关等,在现场构建一条临时旁路电缆供电系统,跨接故障或待检修线路段,通过旁路负荷开关,将用电负荷转移到临时旁路供电线路，向用户不间断供电，以及通过T形接头同时向用户支线供电，这种作业方式称为旁路作业，即通过旁路电缆供电系统，在保持对用户不间断供电的情况下，完成待检修设备停电检修工作，包括计划检修、故障抢修和设备更换等工作，最大限度地缩小停电范围、降低停电对用户的影响。旁路作业法作业原理图如图1-6所示。

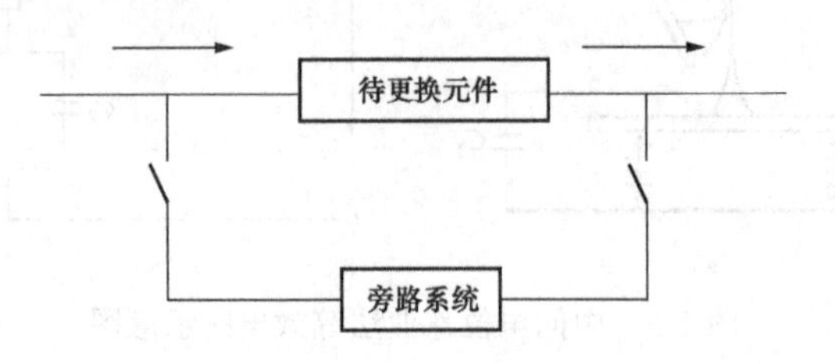

图1-6　旁路作业法作业原理图

旁路作业流程如下：

（1）安装旁路系统；

（2）旁路系统投役并列运行；

（3）待更换元件退役后更换；

（4）新元件投役并列运行；

（5）旁路系统退役后拆除。

10kV配电线路元件，特别是导通电流的元件带电更换，常规作业都是先切断元件后段负荷，采用绝缘手套作业法断接引线工艺进行更换，如果元件后段负荷不能切除，则必须采取旁路法作业，也就是俗称的带负荷作业。

2. 利用移动发电车（发电机）供电

当配电设备因故障或计划检修造成低压用户停电时，可以利用移动电源车直接给中压线路或低压用户临时供电，如图1-7所示。此外，对于重要用户的临时保电工作，可以将移动发电车作为用户的备用电源。

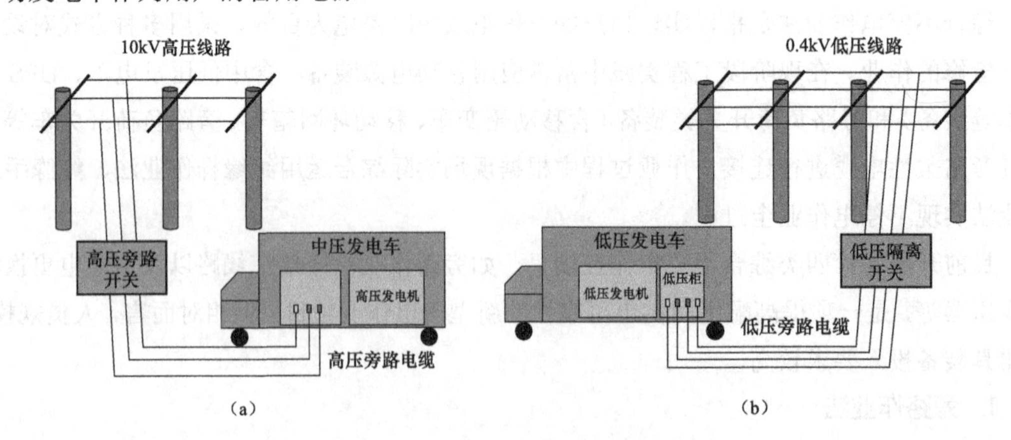

图1-7　移动发电车供电示意图

（a）中压发电车发电；（b）低压发电车发电

3. 利用移动箱变车（变压器）供电

移动箱变车作业是利用有箱式配电变压器的移动电源，通过负荷转移实现配电变压器的退出运行及停电检修，也可实现对低压用户的临时供电，如图 1-8 所示，其原理与利用移动发电车（发电机）供电方式相近。

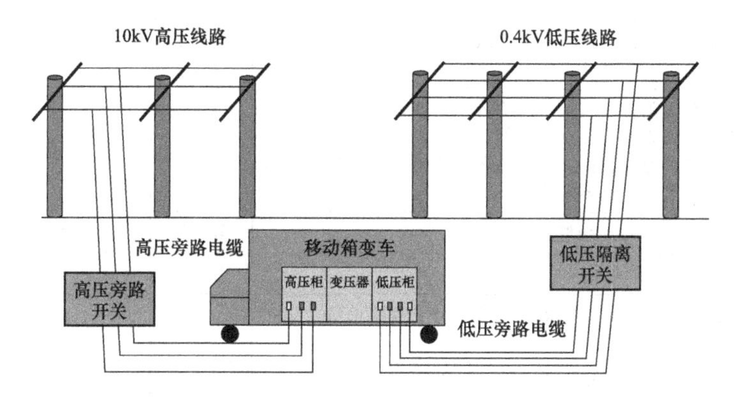

图 1-8 移动箱变车供电示意图

第四节 配网不停电作业项目分类

10kV 带电作业项目是指利用某种操作方法，在设备不停电的情况下完成某项具体工作，应包括作业设备名称、电压等级、具体作业内容。根据 Q/GDW 10520—2016《10kV 配网不停电作业规范》，配电带电作业项目按照作业难易程度，可分为四类 33 项，具体如表 1-1 所示。

第一类为临近带电体作业和简单绝缘杆作业法项目，包括普通消缺及装拆附件、带电断接引线、带电更换避雷器等。

第二类为简单绝缘手套作业法项目，包括带电断接引流线、更换直线杆绝缘子及横担、更换熔断器、更换柱上开关或隔离开关等。

第三类为复杂绝缘杆作业法和复杂绝缘手套作业法项目。复杂绝缘杆作业法项目包括更换直线杆绝缘子及横担、带电断接空载电缆线路与架空线路连接引线等；复杂绝缘手套作业法项目包括带负荷更换柱上开关或隔离开关、直线杆改耐张杆等。

第四类为综合不停电作业项目，包括不停电更换柱上变压器、旁路作业检修架空线路、从环网箱（架空线路）等设备临时取电给环网箱（移动箱式变压器）供电等。

表 1-1　　10kV 配网不停电作业项目分类

序号	作业项目名称	项目分类	作业方法
1	普通消缺及装拆附件（包括：修剪树枝、清除异物、扶正绝缘子、拆除退役设备；加装或拆除接触设备套管、故障指示器、驱鸟器等）	第一类	绝缘杆作业法

续表

序号	作业项目名称	项目分类	作业方法
2	带电更换避雷器	第一类	绝缘杆作业法
3	带电断引流线（包括：熔断器上引线、分支线路引线、耐张杆引流线）	第一类	绝缘杆作业法
4	带电接引流线（包括：熔断器上引线、分支线路引线、耐张杆引流线）	第一类	绝缘杆作业法
5	普通消缺及装拆附件（包括：清除异物、扶正绝缘子、修补导线及调节导线弧垂、处理绝缘导线异响、拆除退役设备、更换拉线、拆除非承力拉线；加装接地环；加装或拆除接触设备套管、故障指示器、驱鸟器等）	第二类	绝缘手套作业法
6	带电辅助加装或拆除绝缘遮蔽	第二类	绝缘手套作业法
7	带电更换避雷器	第二类	绝缘手套作业法
8	带电断引流线（包括：熔断器上引线、分支线路引线、耐张杆引流线）	第二类	绝缘手套作业法
9	带电接引流线（包括：熔断器上引线、分支线路引线、耐张杆引流线）	第二类	绝缘手套作业法
10	带电更换熔断器	第二类	绝缘手套作业法
11	带电更换直线杆绝缘子	第二类	绝缘手套作业法
12	带电更换直线杆绝缘子及横担	第二类	绝缘手套作业法
13	带电更换耐张杆绝缘子串	第二类	绝缘手套作业法
14	带电更换柱上开关或隔离开关	第二类	绝缘手套作业法
15	带电更换直线杆绝缘子	第三类	绝缘杆作业法
16	带电更换直线杆绝缘子及横担	第三类	绝缘杆作业法
17	带电更换熔断器	第三类	绝缘杆作业法
18	带电更换耐张绝缘子串及横担	第三类	绝缘手套作业法
19	带电组立或撤除直线电杆	第三类	绝缘手套作业法
20	带电更换直线电杆	第三类	绝缘手套作业法
21	带电直线杆改终端杆	第三类	绝缘手套作业法
22	带负荷更换熔断器	第三类	绝缘手套作业法
23	带负荷更换导线非承力线夹	第三类	绝缘手套作业法
24	带负荷更换柱上开关或隔离开关	第三类	绝缘手套作业法
25	带负荷直线杆改耐张杆	第三类	绝缘手套作业法
26	带电断空载电缆线路与架空线路连接引线	第三类	绝缘杆作业法、绝缘手套作业法
27	带电接空载电缆线路与架空线路连接引线	第三类	绝缘杆作业法、绝缘手套作业法
28	带负荷直线杆改耐张杆并加装柱上开关或隔离开关	第四类	绝缘手套作业法
29	不停电更换柱上变压器	第四类	综合不停电作业法
30	旁路作业检修架空线路	第四类	综合不停电作业法
31	旁路作业检修电缆线路	第四类	综合不停电作业法
32	旁路作业检修环网箱	第四类	综合不停电作业法
33	从环网箱（架空线路）等设备临时取电给环网箱、移动箱变供电	第四类	综合不停电作业法

第二章　常规作业项目基本操作方法

本章概述

本章介绍常规作业项目基本操作方法。系统化常规作业项目将常规作业项目分为普通消缺及装拆附件、拆装或更换装置、更换配电设备和转供及电源替代四大类，本章将介绍四大类项目中经典作业案例。

学习目标

1. 了解各类作业项目特点；

2. 掌握各项目人员分工、工器具准备、作业步骤、安全措施及注意事项、关键点和其他安全注意事项等。

第一节　普通消缺及装拆附件

一、拆除故障指示器（绝缘杆作业法）

（一）项目简介

本项目是带电作业人员利用绝缘操作杆接触高压带电体进行的作业，适用于10kV架空线路带电拆除故障指示器工作。

（二）人员分工

作业人员共4人：工作负责人（兼工作监护人）1人；杆上电工2人；地面电工1人。

（三）工器具

主要工器具配备见表2-1。

表2-1　　主 要 工 器 具 表

名称	单位	数量	名称	单位	数量
安全帽	顶	2	风速仪	只	1
绝缘安全帽	顶	2	温湿度仪	只	1

续表

名称	单位	数量	名称	单位	数量
绝缘手套	副	2	绝缘传递绳	根	1
防穿刺手套	副	2	导线遮蔽罩		若干
绝缘披肩	副	2	绝缘操作杆		若干
双重保护绝缘安全带	副	2	故障指示器安装工具	套	1
脚扣	副	2	防潮毡布	块	2
绝缘手套检测器	只	1	工具包	只	2
绝缘测试仪（2500V及以上）	套	1	清洁毛巾	条	2
验电器	套	1			

（四）作业步骤

1. 工具储运和检测

（1）带电作业工器具在运输途中，应存放在专用工具袋、工具箱或专用工具车内，以防受潮和损伤，避免与金属材料、工具混放，不得与酸、碱、油类和化学药品接触。

（2）绝缘工器具在使用中受潮或表面损伤、脏污时，应及时处理并经试验合格后方可使用。使用、设置、拆除绝缘遮蔽用具时应戴清洁、干燥的绝缘手套，并应防止其在使用中脏污和受潮。

（3）领用绝缘工器具、安全用具及辅助器具，应核对工器具的使用电压等级和试验周期，并检查外观是否完好无损。

2. 现场操作前的准备

（1）工作负责人核对线路名称、杆号。

（2）工作负责人检查作业装置、现场环境是否符合作业条件。

（3）工作负责人应按配电带电作业工作票内容与值班调控人员联系，履行工作许可手续。

（4）根据道路情况设置安全围栏、警告标志或路障。

（5）工作负责人召集工作人员交代工作任务，对工作班成员进行危险点告知，交代安全措施和技术措施，确认每一个工作班成员都已知晓，检查工作班成员精神状态是否良好，人员是否合适。

（6）整理材料，对安全用具、绝缘工具进行检查，对绝缘工具应使用绝缘检测仪进行分段绝缘检测，绝缘电阻值不低于700MΩ。

（7）杆上电工检查电杆根部、基础和拉线是否牢固，对脚扣和腰带进行冲击试验。

3. 操作步骤

（1）杆上电工穿戴好绝缘防护用具，携带工具包、绝缘传递绳，杆上1、2号电工登杆至便于作业位置，应满足离带电体 0.4m 以上的安全距离位置，扣牢后备保护绳后向工作负责人汇报。

（2）杆上 1 号电工使用验电器依次对导线、绝缘子、横担进行验电，确认无漏电现象。

（3）地面电工配合杆上 2 号电工传递导线遮蔽罩、绝缘操作杆。

（4）杆上 1 号电工移位至近边相导线下方，满足人体应保持对带电体 0.4m 以上的安全距离。杆上 1 号电工使用绝缘操作杆与杆上 2 号电工配合，对近边相导线安装导线遮蔽罩，遮蔽过程中，动作应平稳，不宜用力过大，防止导线受力弹跳、摆幅。作业过程中应满足绝缘操作杆的有效绝缘长度不小于 0.7m 的安全距离。使用同样方法对远边相进行绝缘遮蔽。

（5）2 号电工配合传递、安装故障指示器绝缘操作杆。

（6）拆除中间相故障指示器，按步骤（4）依次对近边相、远边相带电体进行绝缘遮蔽，杆上 1、2 号电工移至中间相下方，对两边相保持对带电体 0.4m 以上的安全距离。杆上 1、2 号电工配合使用故障指示器安装工具，垂直于导线向上推动安装工具，将其锁定到故障指示器上，并确认锁定牢固。垂直向下拉动安装工具，将故障指示器脱离导线。作业过程中绝缘操作杆的有效绝缘长度应不小于 0.7m 的安全距离。

（7）拆除远边相故障指示器，杆上 1、2 号电工移至远边相下方，保持对带电体 0.4m 以上的安全距离。相互配合用绝缘杆拆除远边相绝缘遮蔽，杆上 2 号电工配合杆上 1 号电工使用故障指示器安装工具，垂直于导线向上推动安装工具，将其锁定到故障指示器上并确认锁定牢固。垂直向下拉动安装工具，将故障指示器脱离导线。作业过程中绝缘操作杆的有效绝缘长度应不小于 0.7m 的安全距离。

（8）拆除近边相故障指示器，杆上 1、2 号电工移至近边相下方，保持对带电体 0.4m 以上的安全距离。相互配合用绝缘杆拆除远边相绝缘遮蔽，杆上 2 号电工配合杆上 1 号电工使用故障指示器安装工具，垂直于导线向上推动安装工具，将其锁定到故障指示器上并确认锁定牢固。垂直向下拉动安装工具将故障指示器脱离导线。作业过程中绝缘操作杆的有效绝缘长度应不小于 0.7m 的安全距离。

（9）拆除绝缘遮蔽措施顺序为先拆除中相遮蔽，再拆除远边相遮蔽，最后拆除近边相遮蔽，作业过程中保持人身对带电体有效安全距离 0.4m。

（10）地面电工配合杆上电工，传递工具至地面。

（11）检查杆上有无遗留物，作业人员返回地面。

4. 工作终结

（1）工作负责人组织工作人员清点工器具，并清理施工现场。

（2）工作负责人对完成的工作进行全面检查，符合验收规范要求后，记录在册并召开现场收工会，进行工作点评后宣布工作结束。

（3）汇报值班调控人员工作已经结束，工作班撤离现场。

（五）安全措施及注意事项

1. 气象条件

带电作业应在良好天气下进行，作业前须进行风速和湿度测量，风力大于5级或湿度大于80%时，不宜带电作业。若遇雷电、雪、雹、雨、雾等不良天气，禁止带电作业。带电作业过程中若遇天气突然变化，有可能危及人身及设备安全时，应立即停止工作，撤离人员，恢复设备正常状况，或采取临时安全措施。

2. 作业环境

如在车辆繁忙地段作业，应与交通管理部门联系以取得配合。

3. 安全距离及有效绝缘长度

（1）作业中，绝缘操作杆的有效绝缘长度应不小于0.7m。

（2）作业中，人体应保持对带电体0.4m以上的安全距离。如不能确保该安全距离时，应采用绝缘遮蔽措施，遮蔽用具之间的重叠部分不得小于150mm。

（3）带电作业时如需穿越低压线，应保持有效安全距离或采取绝缘遮蔽措施。

4. 重合闸

本项目一般无需停用重合闸。

（六）关键点

（1）杆上电工到达作业位置，作业前应得到工作监护人的许可。

（2）在作业时，如需使用绝缘斗臂车配合作业，应落实相关的安全措施和安全注意事项。

（3）作业过程中绝缘工具金属部分应与接地体保持足够的安全距离。

（七）其他安全注意事项

（1）杆上电工登杆作业应正确使用安全带。

（2）作业线路下层有低压线路同杆并架时，如妨碍作业，应对作业范围内的相关低压线路采用绝缘遮蔽措施。

（3）上、下传递工具、材料均应使用绝缘绳传递，严禁抛掷。

二、加装故障指示器（绝缘杆作业法）

（一）项目简介

本项目是带电作业人员利用绝缘操作杆接触高压带电体进行的作业，适用于10kV架空线路带电加装故障指示器工作。

（二）人员分工

作业人员共4人：工作负责人（兼工作监护人）1人；杆上电工2人；地面电工1人。

（三）工器具

主要工器具配备见表2-2。

表 2-2　　主要工器具表

名称	单位	数量	名称	单位	数量
安全帽	顶	2	风速仪	只	1
绝缘安全帽	顶	2	温湿度仪	只	1
绝缘手套	副	2	绝缘传递绳	根	1
防穿刺手套	副	2	导线遮蔽罩		若干
绝缘披肩	副	2	绝缘操作杆		若干
双重保护绝缘安全带	副	2	故障指示器安装工具	套	1
脚扣	副	2	防潮毡布	块	2
绝缘手套检测器	只	1	工具包	只	2
绝缘测试仪（2500V 及以上）	套	1	清洁毛巾	条	2
验电器	套	1	待安装故障指示器	只	3

（四）作业步骤

1. 工具储运和检测

（1）带电作业工器具在运输途中，应存放在专用工具袋、工具箱或专用工具车内，以防受潮和损伤，避免与金属材料、工具混放，不得与酸、碱、油类和化学药品接触。

（2）绝缘工器具在使用中受潮或表面损伤、脏污时，应及时处理并经试验合格后方可使用。使用、设置、拆除绝缘遮蔽用具时应戴清洁、干燥的绝缘手套，并应防止其在使用中脏污和受潮。

（3）领用绝缘工器具、安全用具及辅助器具，应核对工器具的使用电压等级和试验周期，并检查外观是否完好无损。

2. 现场操作前的准备

（1）工作负责人核对线路名称、杆号。

（2）工作负责人检查作业装置、现场环境是否符合作业条件。

（3）工作负责人应按配电带电作业工作票内容与值班调控人员联系，履行工作许可手续。

（4）根据道路情况设置安全围栏、警告标志或路障。

（5）工作负责人召集工作人员交代工作任务，对工作班成员进行危险点告知，交代安全措施和技术措施，确认每一个工作班成员都已知晓，检查工作班成员精神状态是否良好，人员是否合适。

（6）整理材料，对安全用具、绝缘工具进行检查，对绝缘工具应使用绝缘检测仪进行分段绝缘检测，绝缘电阻值不低于 700MΩ。

（7）杆上电工检查电杆根部、基础和拉线是否牢固，对脚扣和腰带进行冲击试验。

3. 操作步骤

（1）杆上电工穿戴好绝缘防护用具，携带工具包、绝缘传递绳，杆上 1、2 号电工登杆至便于作业位置，应满足离带电体0.4m以上的安全距离位置，扣牢后备保护绳后向工作负责人汇报。

（2）杆上1号电工使用验电器依次对导线、绝缘子、横担进行验电，确认无漏电现象。

（3）地面电工配合杆上2号电工传递导线遮蔽罩、绝缘操作杆。

（4）杆上1号电工移位至近边相导线下方，满足人体应保持对带电体0.4m以上的安全距离。杆上1号电工使用绝缘操作杆与杆上2号电工配合对近边相导线安装导线遮蔽罩，遮蔽过程中，动作应平稳，不宜用力过大，防止导线受力弹跳、摆动。作业过程中应满足绝缘操作杆的有效绝缘长度不小于0.7m的安全距离。使用同样方法对远边相进行绝缘遮蔽。

（5）2号电工配合传递安装故障指示器绝缘操作杆。

（6）加装中间相故障指示器，按步骤（4）依次对近边相、远边相带电体做绝缘遮蔽，杆上1号电工移至中间相下方，对两边相保持对带电体0.4m以上的安全距离。杆上1、2号电工配合将故障指示器固定在故障指示器安装工具上，杆上1号电工垂直于中间相导线，向上推动安装工具，将故障指示器安装到中间相的导线上。故障指示器安装完毕后，撤下故障指示器安装工具。作业过程中绝缘操作杆的有效绝缘长度应不小于0.7m的安全距离。

（7）加装远边相故障指示器，杆上1、2号电工移至远边相下方，保持对带电体0.4m以上的安全距离。相互配合用绝缘杆拆除远边相绝缘遮蔽，杆上1、2号电工配合将故障指示器固定在故障指示器安装工具上，杆上1号电工垂直于远边相导线，向上推动安装工具，将故障指示器安装到远边相的导线上。故障指示器安装完毕后，撤下故障指示器安装工具。作业过程中绝缘操作杆的有效绝缘长度应不小于0.7m的安全距离。

（8）加装近边相故障指示器，杆上1、2号电工移至近边相下方，保持对带电体0.4m以上的安全距离。相互配合用绝缘杆拆除近边相绝缘遮蔽，杆上1、2号电工配合将故障指示器固定在故障指示器安装工具上，杆上1号电工垂直于近边相导线，向上推动安装工具，将故障指示器安装到近边相的导线上。故障指示器安装完毕后，撤下故障指示器安装工具。作业过程中绝缘操作杆的有效绝缘长度应不小于0.7m的安全距离。

（9）拆除绝缘遮蔽措施顺序为先拆除中相遮蔽，再拆除远边相遮蔽，最后拆除近边相遮蔽，作业过程中保持人身对带电体有效安全距离0.4m。

（10）地面电工配合杆上电工，传递工具至地面。

（11）检查杆上有无遗留物，作业人员返回地面。

4. 工作终结

（1）工作负责人组织工作人员清点工器具，并清理施工现场。

（2）工作负责人对完成的工作进行全面检查，符合验收规范要求后，记录在册并召开现场收工会，进行工作点评后，宣布工作结束。

（3）汇报值班调控人员工作已经结束，工作班撤离现场。

（五）安全措施及注意事项

1. 气象条件

带电作业应在良好天气下进行，作业前须进行风速和湿度测量，风力大于 5 级或湿度大于 80%时，不宜带电作业。若遇雷电、雪、雹、雨、雾等不良天气，禁止带电作业。带电作业过程中若遇天气突然变化，有可能危及人身及设备安全时，应立即停止工作撤离人员，恢复设备正常状况，或采取临时安全措施。

2. 作业环境

如在车辆繁忙地段作业，应与交通管理部门联系以取得配合。

3. 安全距离及有效绝缘长度

（1）作业中，绝缘操作杆的有效绝缘长度应不小于 0.7m。

（2）作业中，人体应保持对带电体 0.4m 以上的安全距离。如不能确保该安全距离时，应采用绝缘遮蔽措施，遮蔽用具之间的重叠部分不得小于 150mm。

（3）带电作业时如需穿越低压线，应保持有效安全距离或采取绝缘遮蔽措施。

4. 重合闸

本项目一般无需停用重合闸。

（六）关键点

（1）杆上电工到达作业位置，作业前应得到工作监护人的许可。

（2）在作业时，如需使用绝缘斗臂车配合作业，应落实相关的安全措施和安全注意事项。

（3）作业过程中绝缘工具金属部分应与接地体保持足够的安全距离。

（七）其他安全注意事项

（1）杆上电工登杆作业应正确使用安全带。

（2）作业线路下层有低压线路同杆并架时，如妨碍作业，应对作业范围内的相关低压线路采用绝缘遮蔽措施。

（3）上、下传递工具、材料时均应使用绝缘绳传递，严禁抛掷。

三、拆除接触设备套管（绝缘杆作业法）

（一）项目简介

本项目是带电作业人员利用绝缘操作杆接触高压带电体进行的作业，适用于 10kV 架空线路带电拆除接触设备套管工作。

（二）人员分工

作业人员共 4 人：工作负责人（兼工作监护人）1 人；杆上电工 2 人；地面电工 1 人。

（三）工器具

主要工器具配备见表 2-3。

表 2-3　　　　主 要 工 器 具 表

名称	单位	数量	名称	单位	数量
安全帽	顶	2	验电器	套	1
绝缘安全帽	顶	2	风速仪	只	1
绝缘手套	副	2	温湿度仪	只	1
防穿刺手套	副	2	绝缘传递绳	根	1
绝缘披肩	副	2	绝缘操作杆	根	2
双重保护绝缘安全带	副	2	绝缘锁杆	根	1
脚扣	副	2	防潮毡布	块	2
绝缘手套检测器	只	1	工具包	只	2
绝缘测试仪（2500V 及以上）	套	1	清洁毛巾	条	2

（四）作业步骤

1. 工具储运和检测

（1）带电作业工器具在运输途中，应存放在专用工具袋、工具箱或专用工具车内，以防受潮和损伤，避免与金属材料、工具混放，不得与酸、碱、油类和化学药品接触。

（2）绝缘工器具在使用中受潮或表面损伤、脏污时，应及时处理并经试验合格后方可使用。使用、设置、拆除绝缘遮蔽用具时应戴清洁、干燥的绝缘手套，并应防止其在使用中脏污和受潮。

（3）领用绝缘工器具、安全用具及辅助器具，应核对工器具的使用电压等级和试验周期，并检查外观是否完好无损。

2. 现场操作前的准备

（1）工作负责人核对线路名称、杆号。

（2）工作负责人检查作业装置、现场环境是否符合作业条件。

（3）工作负责人应按配电带电作业工作票内容与值班调控人员联系，履行工作许可手续。

（4）根据道路情况设置安全围栏、警告标志或路障。

（5）工作负责人召集工作人员交代工作任务，对工作班成员进行危险点告知，交代安全措施和技术措施，确认每一个工作班成员都已知晓，检查工作班成员精神状态是否良好，人员是否合适。

（6）整理材料，对安全用具、绝缘工具进行检查，对绝缘工具应使用绝缘检测仪进行分段绝缘检测，绝缘电阻值不低于 700MΩ。

（7）杆上电工检查电杆根部、基础和拉线是否牢固，对脚扣和腰带进行冲击试验。

3. 操作步骤

（1）杆上电工穿戴好绝缘防护用具，携带工具包、绝缘传递绳，杆上 1、2 号电工登杆至便于作业位置，应满足离带电体 0.4m 以上的安全距离位置，扣牢后备保护绳后向工作负责人汇报。

（2）杆上 1 号电工使用验电器依次对导线、绝缘子、横担进行验电，确认无漏电现象。

（3）地面电工配合杆上 2 号电工传递绝缘锁杆。

（4）中间相拆除接触设备套管。杆上 1 号电工移位至中间相导线下方，满足人体应保持对带电体 0.4m 以上的安全距离。杆上 1、2 号电工配合用绝缘锁杆将同相上的绝缘套管分离。杆上 1、2 号电工配合使用绝缘操作杆将绝缘套管拆除。拆除过程中动作应平稳，不宜用力过大，防止导线受力弹跳、摆幅。作业过程中应满足绝缘操作杆的有效绝缘长度不小于 0.7m 的安全距离。地面电工配合杆上 2 号电工，传递绝缘套管至地面。

（5）远边相拆除接触设备套管。杆上 1 号电工移位至远边相导线下方，满足人体应保持对带电体 0.4m 以上的安全距离。杆上 1、2 号电工配合用绝缘锁杆将同相上的绝缘套管分离。杆上 1、2 号电工配合使用绝缘操作杆将绝缘套管拆除。拆除过程中动作应平稳，不宜用力过大，防止导线受力弹跳、摆幅。作业过程中应满足绝缘操作杆的有效绝缘长度不小于 0.7m 的安全距离。地面电工配合杆上 2 号电工，传递绝缘套管至地面。

（6）近边相拆除接触设备套管。杆上 1 号电工移位至近边相导线下方，满足人体应保持对带电体 0.4m 以上的安全距离。杆上 1、2 号电工配合用绝缘锁杆将同相上的绝缘套管分离。杆上 1、2 号电工配合使用绝缘操作杆将绝缘套管拆除。拆除过程中动作应平稳，不宜用力过大，防止导线受力弹跳、摆幅。作业过程中应满足绝缘操作杆的有效绝缘长度不小于 0.7m 的安全距离。地面电工配合杆上 2 号电工，传递绝缘套管至地面。

（7）地面电工配合杆上 2 号电工，传递绝缘工具至地面。

（8）拆除绝缘遮蔽措施顺序为先拆除中相遮蔽，再拆除远边相遮蔽，最后拆除近边相遮蔽，作业过程中保持人身对带电体有效安全距离 0.4m。

（9）检查杆上有无遗留物，作业人员返回地面。

4. 工作终结

（1）工作负责人组织工作人员清点工器具，并清理施工现场。

（2）工作负责人对完成的工作进行全面检查，符合验收规范要求后，记录在册并召开现场收工会，进行工作点评后，宣布工作结束。

（3）汇报值班调控人员工作已经结束，工作班撤离现场。

（五）安全措施及注意事项

1. 气象条件

带电作业应在良好天气下进行，作业前须进行风速和湿度测量，风力大于 5 级或湿度大于 80%时，不宜带电作业。若遇雷电、雪、雹、雨、雾等不良天气，禁止带电作业。带电作业过程中若遇天气突然变化，有可能危及人身及设备安全时，应立即停止工作，撤离人员，恢复设备正常状况，或采取临时安全措施。

2. 作业环境

如在车辆繁忙地段作业，应与交通管理部门联系以取得配合。

3. 安全距离及有效绝缘长度

（1）作业中，绝缘操作杆的有效绝缘长度应不小于 0.7m。

（2）作业中，人体应保持对带电体 0.4m 以上的安全距离。如不能确保该安全距离时，应采用绝缘遮蔽措施，遮蔽用具之间的重叠部分不得小于 150mm。

（3）带电作业时如需穿越低压线，应保持有效安全距离或采取绝缘遮蔽措施。

4. 重合闸

本项目一般无需停用重合闸。

（六）关键点

（1）杆上电工到达作业位置，作业前应得到工作监护人的许可。

（2）在作业时，如需使用绝缘斗臂车配合作业，应落实相关的安全措施和安全注意事项。

（3）作业过程中绝缘工具金属部分应与接地体保持足够的安全距离。

（七）其他安全注意事项

（1）杆上电工登杆作业应正确使用安全带。

（2）作业线路下层有低压线路同杆并架时，如妨碍作业，应对作业范围内的相关低压线路采用绝缘遮蔽措施。

（3）上、下传递工具、材料时均应使用绝缘绳传递，严禁抛掷。

四、加装接触设备套管（绝缘杆作业法）

（一）项目简介

本项目是带电作业人员利用绝缘操作杆接触高压带电体进行的作业，适用于 10kV 架空线路带电加装接触设备套管工作。

（二）人员分工

作业人员共 4 人：工作负责人（兼工作监护人）1 人；杆上电工 2 人；地面电工 1 人。

（三）工器具

主要工器具配备见表 2-4。

表 2-4　　主要工器具表

名称	单位	数量	名称	单位	数量
安全帽	顶	2	风速仪	只	1
绝缘安全帽	顶	2	温湿度仪	只	1
绝缘手套	副	2	绝缘传递绳	根	1

续表

名称	单位	数量	名称	单位	数量
防穿刺手套	副	2	导线遮蔽罩	根	6
绝缘披肩	副	2	绝缘操作杆	根	2
双重保护绝缘安全带	副	2	绝缘锁杆	根	1
脚扣	副	2	防潮毡布	块	2
绝缘手套检测器	只	1	工具包	只	2
绝缘测试仪（2500V 及以上）	套	1	清洁毛巾	条	2
验电器	套	1			

（四）作业步骤

1. 工具储运和检测

（1）带电作业工器具在运输途中，应存放在专用工具袋、工具箱或专用工具车内，以防受潮和损伤，避免与金属材料、工具混放，不得与酸、碱、油类和化学药品接触。

（2）绝缘工器具在使用中受潮或表面损伤、脏污时，应及时处理并经试验合格后方可使用。使用、设置、拆除绝缘遮蔽用具时应戴清洁、干燥的绝缘手套，并应防止其在使用中脏污和受潮。

（3）领用绝缘工器具、安全用具及辅助器具，应核对工器具的使用电压等级和试验周期，并检查外观是否完好无损。

2. 现场操作前的准备

（1）工作负责人核对线路名称、杆号。

（2）工作负责人检查作业装置、现场环境是否符合作业条件。

（3）工作负责人应按配电带电作业工作票内容与值班调控人员联系，履行工作许可手续。

（4）根据道路情况设置安全围栏、警告标志或路障。

（5）工作负责人召集工作人员交代工作任务，对工作班成员进行危险点告知，交代安全措施和技术措施，确认每一个工作班成员都已知晓，检查工作班成员精神状态是否良好，人员是否合适。

（6）整理材料，对安全用具、绝缘工具进行检查，对绝缘工具应使用绝缘检测仪进行分段绝缘检测，绝缘电阻值不低于 700MΩ。

（7）杆上电工检查电杆根部、基础和拉线是否牢固，对脚扣和腰带进行冲击试验。

3. 操作步骤

（1）杆上电工穿戴好绝缘防护用具，携带工具包、绝缘传递绳，杆上 1、2 号电工登杆至便于作业位置，应满足离带电体 0.4m 以上的安全距离位置，扣牢后备保护绳后向工作负责人汇报。

（2）杆上1号电工使用验电器依次对导线、绝缘子、横担进行验电，确认无漏电现象。

（3）地面电工配合杆上2号电工传递导线遮蔽罩、绝缘锁杆。

（4）近边相加装接触设备套管。杆上1号电工移位至近边相导线下方，满足人体应保持对带电体0.4m以上的安全距离。杆上1、2号电工配合使用绝缘锁杆，将绝缘套管安装到近边相导线上，杆上1、2号电工配合将绝缘套管之间连接紧密、卡槽，安装过程中动作应平稳，不宜用力过大，防止导线受力弹跳、摆幅。作业过程中应满足绝缘操作杆的有效绝缘长度不小于0.7m的安全距离。

（5）远边相加装接触设备套管。杆上1号电工移位至远边相导线下方，满足人体应保持对带电体0.4m以上的安全距离。杆上1、2号电工配合使用绝缘锁杆，将绝缘套管安装到远边相导线上，杆上1、2号电工配合将绝缘套管之间连接紧密、卡槽，安装过程中动作应平稳，不宜用力过大，防止导线受力弹跳、摆幅。作业过程中应满足绝缘操作杆的有效绝缘长度不小于0.7m的安全距离。

（6）中间相加装接触设备套管。杆上1号电工移位至中间相导线下方，满足人体应保持对带电体0.4m以上的安全距离。杆上1、2号电工配合使用绝缘锁杆，将绝缘套管安装到中间相导线上，杆上1、2号电工配合将绝缘套管之间连接紧密、卡槽，安装过程中动作应平稳，不宜用力过大，防止导线受力弹跳、摆幅。作业过程中应满足绝缘操作杆的有效绝缘长度不小于0.7m的安全距离。

（7）作业完成后取下绝缘套筒操作杆。拆除绝缘遮蔽措施顺序为先拆除中相遮蔽，再拆除远边相遮蔽，最后拆除近边相遮蔽，作业过程中保持人身对带电体有效安全距离0.4m。

（8）地面电工配合杆上电工，传递工具至地面。

（9）检查杆上有无遗留物，作业人员返回地面。

4. 工作终结

（1）工作负责人组织工作人员清点工器具，并清理施工现场。

（2）工作负责人对完成的工作进行全面检查，符合验收规范要求后，记录在册并召开现场收工会，进行工作点评后，宣布工作结束。

（3）汇报值班调控人员工作已经结束，工作班撤离现场。

（五）安全措施及注意事项

1. 气象条件

带电作业应在良好天气下进行，作业前须进行风速和湿度测量，风力大于5级或湿度大于80%时，不宜带电作业。若遇雷电、雪、雹、雨、雾等不良天气，禁止带电作业。带电作业过程中若遇天气突然变化，有可能危及人身及设备安全时，应立即停止工作，撤离人员，恢复设备正常状况，或采取临时安全措施。

2. 作业环境

如在车辆繁忙地段作业，应与交通管理部门联系以取得配合。

3. 安全距离及有效绝缘长度

（1）作业中，绝缘操作杆的有效绝缘长度应不小于0.7m。

（2）作业中，人体应保持对带电体0.4m以上的安全距离。如不能确保该安全距离时，应采用绝缘遮蔽措施，遮蔽用具之间的重叠部分不得小于150mm。

（3）带电作业时如需穿越低压线，应保持有效安全距离或采取绝缘遮蔽措施。

4. 重合闸

本项目一般无需停用重合闸。

（六）关键点

（1）杆上电工到达作业位置，作业前应得到工作监护人的许可。

（2）在作业时，如需使用绝缘斗臂车配合作业，应落实相关的安全措施和安全注意事项。

（3）作业过程中绝缘工具金属部分应与接地体保持足够的安全距离。

（七）其他安全注意事项

（1）杆上电工登杆作业应正确使用安全带。

（2）作业线路下层有低压线路同杆并架时，如妨碍作业，应对作业范围内的相关低压线路采用绝缘遮蔽措施。

（3）上、下传递工具、材料时均应使用绝缘绳传递，严禁抛掷。

五、拆除驱鸟器（绝缘杆作业法）

（一）项目简介

本项目是带电作业人员利用绝缘操作杆接触高压带电体进行的作业，适用于10kV架空线路带电拆除驱鸟器工作。

（二）人员分工

作业人员共4人：工作负责人（兼工作监护人）1人；杆上电工2人；地面电工1人。

（三）工器具

主要工器具配备见表2-5。

表2-5　　主要工器具表

名称	单位	数量	名称	单位	数量
安全帽	顶	2	温湿度仪	只	1
绝缘安全帽	顶	2	绝缘传递绳	根	1
绝缘手套	副	2	绝缘子遮蔽罩		若干
防穿刺手套	副	2	导线遮蔽罩		若干
绝缘披肩	副	2	绝缘操作杆		若干
双重保护绝缘安全带	副	2	驱鸟器安装工具	套	1

续表

名称	单位	数量	名称	单位	数量
脚扣	副	2	绝缘套筒操作杆	根	1
绝缘手套检测器	只	1	防潮毡布	块	2
绝缘测试仪（2500V及以上）	套	1	工具包	只	2
验电器	套	1	清洁毛巾	条	2
风速仪	只	1			

（四）作业步骤

1. 工具储运和检测

（1）带电作业工器具在运输途中，应存放在专用工具袋、工具箱或专用工具车内，以防受潮和损伤，避免与金属材料、工具混放，不得与酸、碱、油类和化学药品接触。

（2）绝缘工器具在使用中受潮或表面损伤、脏污时，应及时处理并经试验合格后方可使用。使用、设置、拆除绝缘遮蔽用具时应戴清洁、干燥的绝缘手套，并应防止其在使用中脏污和受潮。

（3）领用绝缘工器具、安全用具及辅助器具，应核对工器具的使用电压等级和试验周期，并检查外观是否完好无损。

2. 现场操作前的准备

（1）工作负责人核对线路名称、杆号。

（2）工作负责人检查作业装置、现场环境是否符合作业条件。

（3）工作负责人应按配电带电作业工作票内容与值班调控人员联系，履行工作许可手续。

（4）根据道路情况设置安全围栏、警告标志或路障。

（5）工作负责人召集工作人员交代工作任务，对工作班成员进行危险点告知，交代安全措施和技术措施，确认每一个工作班成员都已知晓，检查工作班成员精神状态是否良好，人员是否合适。

（6）整理材料，对安全用具、绝缘工具进行检查，对绝缘工具应使用绝缘检测仪进行分段绝缘检测，绝缘电阻值不低于700MΩ。

（7）杆上电工检查电杆根部、基础和拉线是否牢固，对脚扣和腰带进行冲击试验。

3. 操作步骤

（1）杆上电工穿戴好绝缘防护用具，携带工具包、绝缘传递绳，杆上1、2号电工登杆至便于作业位置，应满足离带电体0.4m以上的安全距离位置，扣牢后备保护绳后向工作负责人汇报。

（2）杆上1号电工使用验电器依次对导线、绝缘子、横担进行验电，确认无漏电现象。

（3）地面电工配合杆上2号电工传递导线遮蔽罩、绝缘子遮蔽罩、绝缘操作杆。

（4）杆上1号电工移位至近边相导线下方，满足人体应保持对带电体0.4m以上的安全距离。用导线遮蔽罩对近边相支柱两侧导线遮蔽，用绝缘子遮蔽罩对支柱遮蔽。遮蔽过程中，不宜用力过大，防止导线受力弹跳、摆幅。作业过程中应满足绝缘操作杆的有效绝缘长度不小于0.7m的安全距离。使用同样方法对远边相进行绝缘遮蔽。

（5）杆上2号电工配合传递安装驱鸟器绝缘操作杆、绝缘套筒操作杆。

（6）拆除近边相驱鸟器，杆上1、2号电工移至近边相横担下方，满足人体应保持对带电体0.4m以上的安全距离。杆上1、2号电工配合使用安装驱鸟器绝缘操作杆，将驱鸟器锁紧，杆上2号电工稳住锁紧的驱鸟器绝缘操作杆。杆上1号电工使用绝缘套筒操作杆旋松驱鸟器两螺栓，杆上2号电工用驱鸟器绝缘操作杆将驱鸟器平稳取下。作业过程中绝缘操作杆的有效绝缘长度应不小于0.7m的安全距离。

（7）拆除远边相驱鸟器，杆上1、2号电工移至远边相横担下方，满足人体应保持对带电体0.4m以上的安全距离。杆上1、2号电工配合使用安装驱鸟器绝缘操作杆，将驱鸟器锁紧，杆上2号电工稳住锁紧的驱鸟器绝缘操作杆。杆上1号电工使用绝缘套筒操作杆旋松驱鸟器两螺栓，杆上2号电工用驱鸟器绝缘操作杆将驱鸟器平稳取下。作业过程中绝缘操作杆的有效绝缘长度应不小于0.7m的安全距离。

（8）拆除绝缘遮蔽措施顺序为先拆除中相遮蔽，再拆除远边相遮蔽，最后拆除近边相遮蔽，作业过程中保持人身对带电体有效安全距离0.4m。

（9）地面电工配合杆上2号电工，传递工具至地面。

（10）检查杆上有无遗留物，作业人员返回地面。

4. 工作终结

（1）工作负责人组织工作人员清点工器具，并清理施工现场。

（2）工作负责人对完成的工作进行全面检查，符合验收规范要求后，记录在册并召开现场收工会，进行工作点评后，宣布工作结束。

（3）汇报值班调控人员工作已经结束，工作班撤离现场。

（五）安全措施及注意事项

1. 气象条件

带电作业应在良好天气下进行，作业前须进行风速和湿度测量，风力大于5级或湿度大于80%时，不宜带电作业。若遇雷电、雪、雹、雨、雾等不良天气，禁止带电作业。带电作业过程中若遇天气突然变化，有可能危及人身及设备安全时，应立即停止工作，撤离人员，恢复设备正常状况，或采取临时安全措施。

2. 作业环境

如在车辆繁忙地段作业，应与交通管理部门联系以取得配合。

3. 安全距离及有效绝缘长度

（1）作业中，绝缘操作杆的有效绝缘长度应不小于0.7m。

（2）作业中，人体应保持对带电体 0.4m 以上的安全距离。如不能确保该安全距离时，应采用绝缘遮蔽措施，遮蔽用具之间的重叠部分不得小于 150mm。

（3）带电作业时如需穿越低压线，应保持有效安全距离或采取绝缘遮蔽措施。

4. 重合闸

本项目一般无需停用重合闸。

（六）关键点

（1）杆上电工到达作业位置，作业前应得到工作监护人的许可。

（2）在作业时，如需使用绝缘斗臂车配合作业，应落实相关的安全措施和安全注意事项。

（3）作业过程中绝缘工具金属部分应与接地体保持足够的安全距离。

（七）其他安全注意事项

（1）杆上电工登杆作业应正确使用安全带。

（2）作业线路下层有低压线路同杆并架时，如妨碍作业，应对作业范围内的相关低压线路采用绝缘遮蔽措施。

（3）上、下传递工具、材料时均应使用绝缘绳传递，严禁抛掷。

六、加装驱鸟器（绝缘杆作业法）

（一）项目简介

本项目是带电作业人员利用绝缘操作杆接触高压带电体进行的作业，适用于 10kV 架空线路带电加装驱鸟器工作。

（二）人员分工

作业人员共 4 人：工作负责人（兼工作监护人）1 人；杆上电工 2 人；地面电工 1 人。

（三）工器具

主要工器具配备见表 2-6。

表 2-6　　主 要 工 器 具 表

名称	单位	数量	名称	单位	数量
安全帽	顶		温湿度仪	只	1
绝缘安全帽	顶	2	绝缘传递绳	根	1
绝缘手套	副	2	绝缘子遮蔽罩		若干
防穿刺手套	副	2	导线遮蔽罩		若干
绝缘披肩	副	2	绝缘操作杆		若干
双重保护绝缘安全带	副	2	驱鸟器安装工具	套	1
脚扣	副	2	绝缘套筒操作杆	根	1
绝缘手套检测器	只	1	防潮毡布	块	2

续表

名称	单位	数量	名称	单位	数量
绝缘测试仪（2500V 及以上）	套	1	工具包	只	2
验电器	套	1	清洁毛巾	条	2
风速仪	只	1	待安装驱鸟器器	只	3

（四）作业步骤

1. 工具储运和检测

（1）带电作业工器具在运输途中，应存放在专用工具袋、工具箱或专用工具车内，以防受潮和损伤，避免与金属材料、工具混放，不得与酸、碱、油类和化学药品接触。

（2）绝缘工器具在使用中受潮或表面损伤、脏污时，应及时处理并经试验合格后方可使用。使用、设置、拆除绝缘遮蔽用具时应戴清洁、干燥的绝缘手套，并应防止其在使用中脏污和受潮。

（3）领用绝缘工器具、安全用具及辅助器具，应核对工器具的使用电压等级和试验周期，并检查外观是否完好无损。

2. 现场操作前的准备

（1）工作负责人核对线路名称、杆号。

（2）工作负责人检查作业装置、现场环境是否符合作业条件。

（3）工作负责人应按配电带电作业工作票内容与值班调控人员联系，履行工作许可手续。

（4）根据道路情况设置安全围栏、警告标志或路障。

（5）工作负责人召集工作人员交代工作任务，对工作班成员进行危险点告知，交代安全措施和技术措施，确认每一个工作班成员都已知晓，检查工作班成员精神状态是否良好，人员是否合适。

（6）整理材料，对安全用具、绝缘工具进行检查，对绝缘工具应使用绝缘检测仪进行分段绝缘检测，绝缘电阻值不低于 700MΩ。

（7）杆上电工检查电杆根部、基础和拉线是否牢固，对脚扣和腰带进行冲击试验。

3. 操作步骤

（1）杆上电工穿戴好绝缘防护用具，携带工具包、绝缘传递绳，杆上 1、2 号电工登杆至便于作业位置，应满足离带电体 0.4m 以上的安全距离位置，扣牢后备保护绳后向工作负责人汇报。

（2）杆上 1 号电工使用验电器依次对导线、绝缘子、横担进行验电，确认无漏电现象。

（3）地面电工配合杆上 2 号电工传递导线遮蔽罩、绝缘子遮蔽罩、绝缘操作杆。

（4）杆上 1 号电工移位至近边相导线下方，满足人体应保持对带电体 0.4m 以上的安全距离。用导线遮蔽罩对近边相支柱两侧导线遮蔽，用绝缘子遮蔽罩对支柱遮蔽。遮蔽过程中，不宜用力过大，防止导线受力弹跳、摆幅。作业过程中应满足绝缘操作杆的有效绝缘长度不小于 0.7m 的安全距离。使用同样方法对远边相进行绝缘遮蔽。

（5）杆上 2 号电工配合传递安装驱鸟器绝缘操作杆、绝缘套筒操作杆。

（6）加装远边相驱鸟器，杆上 1、2 号电工移至远边相横担下方，满足人体应保持对带电体 0.4m 以上的安全距离。驱鸟器螺栓应预留横担厚度距离，杆上 1、2 号电工配合使用安装驱鸟器绝缘操作杆，将驱鸟器平稳安装到横担预定位置上。杆上 2 号电工用绝缘操作杆稳住驱鸟器，防止驱鸟器倾斜、掉落。杆上 1 号电工使用绝缘套筒操作杆旋紧驱鸟器两螺栓。作业过程中绝缘操作杆的有效绝缘长度应不小于 0.7m 的安全距离。

（7）加装近边相驱鸟器，杆上 1、2 号电工移至近边相横担下方，满足人体应保持对带电体 0.4m 以上的安全距离。驱鸟器螺栓应预留横担厚度距离，杆上 1、2 号电工配合使用安装驱鸟器绝缘操作杆，将驱鸟器平稳安装到横担预定位置上。杆上 2 号电工稳住安装驱鸟器绝缘操作杆，防止驱鸟器倾斜、掉落。杆上 1 号电工使用绝缘套筒操作杆旋紧驱鸟器两螺栓。作业过程中绝缘操作杆的有效绝缘长度应不小于 0.7m 的安全距离。

（8）拆除绝缘遮蔽措施顺序为先拆除中相遮蔽，再拆除远边相遮蔽，最后拆除近边相遮蔽，作业过程中保持人身对带电体有效安全距离 0.4m。

（9）地面电工配合杆上 2 号电工，传递工具至地面。

（10）检查杆上有无遗留物，作业人员返回地面。

4. 工作终结

（1）工作负责人组织工作人员清点工器具，并清理施工现场。

（2）工作负责人对完成的工作进行全面检查，符合验收规范要求后，记录在册并召开现场收工会，进行工作点评后，宣布工作结束。

（3）汇报值班调控人员工作已经结束，工作班撤离现场。

（五）安全措施及注意事项

1. 气象条件

带电作业应在良好天气下进行，作业前须进行风速和湿度测量，风力大于 5 级或湿度大于 80%时，不宜带电作业。若遇雷电、雪、雹、雨、雾等不良天气，禁止带电作业。带电作业过程中若遇天气突然变化，有可能危及人身及设备安全时，应立即停止工作撤离人员，恢复设备正常状况，或采取临时安全措施。

2. 作业环境

如在车辆繁忙地段作业，应与交通管理部门联系以取得配合。

3. 安全距离及有效绝缘长度

（1）作业中，绝缘操作杆的有效绝缘长度应不小于 0.7m。

（2）作业中，人体应保持对带电体 0.4m 以上的安全距离。如不能确保该安全距离时，应采用绝缘遮蔽措施，遮蔽用具之间的重叠部分不得小于 150mm。

（3）带电作业时如需穿越低压线路，应保持有效安全距离或采取绝缘遮蔽措施。

4. 重合闸

本项目一般无需停用重合闸。

（六）关键点

（1）杆上电工到达作业位置，作业前应得到工作监护人的许可。

（2）在作业时，如需使用绝缘斗臂车配合作业，应落实相关的安全措施和安全注意事项。

（3）作业过程中绝缘工具金属部分应与接地体保持足够的安全距离。

（七）其他安全注意事项

（1）杆上电工登杆作业应正确使用安全带。

（2）作业线路下层有低压线路同杆并架时，如妨碍作业，应对作业范围内的相关低压线路采用绝缘遮蔽措施。

（3）上、下传递工具、材料时均应使用绝缘绳传递，严禁抛掷。

七、拆除退役设备（绝缘杆作业法）

（一）项目简介

本项目是带电作业人员利用绝缘操作杆接触高压带电体进行的作业，适用于 10kV 架空线路带电拆除退役设备工作。

（二）人员分工

作业人员共 4 人：工作负责人（兼工作监护人）1 人；杆上电工 2 人；地面电工 1 人。

（三）工器具

主要工器具配备见表 2-7。

表 2-7　　主 要 工 器 具 表

名称	单位	数量	名称	单位	数量
安全帽	顶	2	风速仪	只	1
绝缘安全帽	顶	2	温湿度仪	只	1
绝缘手套	副	2	绝缘传递绳	根	1
防穿刺手套	副	2	导线遮蔽罩		若干
绝缘披肩	件	2	绝缘操作杆	根	2
双重保护绝缘安全带	副	2	绝缘锁杆	根	1
脚扣	副	2	绝缘子遮蔽罩	只	3
绝缘手套检测器	只	1	防潮毡布	块	2
绝缘测试仪（2500V 及以上）	套	1	工具包	只	2
验电器	套	1	清洁毛巾	条	2

（四）作业步骤

1. 工具储运和检测

（1）带电作业工器具在运输途中，应存放在专用工具袋、工具箱或专用工具车内，以防受潮和损伤，避免与金属材料、工具混放，不得与酸、碱、油类和化学药品接触。

（2）绝缘工器具在使用中受潮或表面损伤、脏污时，应及时处理并经试验合格后方可使用。使用、设置、拆除绝缘遮蔽用具时应戴清洁、干燥的绝缘手套，并应防止其在使用中脏污和受潮。

（3）领用绝缘工器具、安全用具及辅助器具，应核对工器具的使用电压等级和试验周期，并检查外观是否完好无损。

2. 现场操作前的准备

（1）工作负责人核对线路名称、杆号。

（2）工作负责人检查作业装置、现场环境是否符合作业条件。

（3）工作负责人应按配电带电作业工作票内容与值班调控人员联系，履行工作许可手续。

（4）根据道路情况设置安全围栏、警告标志或路障。

（5）工作负责人召集工作人员交代工作任务，对工作班成员进行危险点告知，交代安全措施和技术措施，确认每一个工作班成员都已知晓，检查工作班成员精神状态是否良好，人员是否合适。

（6）整理材料，对安全用具、绝缘工具进行检查，对绝缘工具应使用绝缘检测仪进行分段绝缘检测，绝缘电阻值不低于 700MΩ。

（7）杆上电工检查电杆根部、基础和拉线是否牢固，对脚扣和腰带进行冲击试验。

3. 操作步骤

（1）杆上电工穿戴好绝缘防护用具，携带工具包、绝缘传递绳，杆上 1、2 号电工登杆至便于作业位置，应满足离带电体 0.4m 以上的安全距离位置，扣牢后备保护绳后向工作负责人汇报。

（2）杆上 1 号电工使用验电器依次对废旧设备、导线、绝缘子、横担进行验电，确认无漏电现象。

（3）地面电工配合杆上 2 号电工传递导线遮蔽罩、绝缘子遮蔽罩、绝缘操作杆。

（4）杆上电工判断拆除废旧设备离带电体的安全距离是否满足要求，无法满足时采取有效的遮蔽隔离措施。

（5）杆上 1、2 号电工移位至近边相导线下方，满足人体应保持对带电体 0.4m 以上的安全距离。杆上 1、2 号电工配合用导线遮蔽罩对近边相支柱两侧导线遮蔽，遮蔽过程中，动作应平稳，不宜用力过大，防止导线受力弹跳、摆幅。用绝缘子遮蔽罩对支柱遮蔽。作业过程中应满足绝缘操作杆的有效绝缘长度不小于 0.7m 的安全距离。同样方法依次对远边相、中相进行绝缘遮蔽。

（6）杆上1号电工将退役设备系牢（现场根据实际退役设备体积大小选择吊装工具），作业过程中，应满足人体对带电体0.4m以上的安全距离。杆上1号电工拆除退役设备时，应采取措施防止废旧设备落下伤人等。杆上1、2号电工相互配合拆除废旧设备。

（7）地面电工配合杆上电工，将废旧设备放至地面。

（8）拆除绝缘遮蔽措施顺序为先拆除中相遮蔽，再拆除远边相遮蔽，最后拆除近边相遮蔽，作业过程中保持人身对带电体有效安全距离0.4m。

（9）地面电工配合杆上电工，传递工具至地面。

（10）检查杆上有无遗留物，作业人员返回地面。

4. 工作终结

（1）工作负责人组织工作人员清点工器具，并清理施工现场。

（2）工作负责人对完成的工作进行全面检查，符合验收规范要求后，记录在册并召开现场收工会，进行工作点评后，宣布工作结束。

（3）汇报值班调控人员工作已经结束，工作班撤离现场。

（五）安全措施及注意事项

1. 气象条件

带电作业应在良好天气下进行，作业前须进行风速和湿度测量，风力大于5级或湿度大于80%时，不宜带电作业。若遇雷电、雪、雹、雨、雾等不良天气，禁止带电作业。带电作业过程中若遇天气突然变化，有可能危及人身及设备安全时，应立即停止工作撤离人员，恢复设备正常状况，或采取临时安全措施。

2. 作业环境

如在车辆繁忙地段作业，应与交通管理部门联系以取得配合。

3. 安全距离及有效绝缘长度

（1）作业中，绝缘操作杆的有效绝缘长度应不小于0.7m。

（2）作业中，人体与带电体应保持0.4m以上的安全距离。如不能确保该安全距离时，应采用绝缘遮蔽措施，遮蔽用具之间的重叠部分不得小于150mm。

（3）带电作业时如需穿越低压线路，应保持有效安全距离或采取绝缘遮蔽措施。

4. 重合闸

本项目一般无需停用重合闸。

（六）关键点

（1）杆上电工到达作业位置，作业前应得到工作监护人的许可。

（2）在作业时，如需使用绝缘斗臂车配合作业，应落实相关的安全措施和安全注意事项。

（3）作业过程中绝缘工具金属部分应与接地体保持足够的安全距离。

（七）其他安全注意事项

（1）杆上电工登杆作业应正确使用安全带。

（2）作业线路下层有低压线路同杆并架时，如妨碍作业，应对作业范围内的相关低压线路采用绝缘遮蔽措施。

（3）上、下传递工具、材料均应使用绝缘绳传递，严禁抛掷。

八、扶正绝缘子（绝缘杆作业法）

（一）项目简介

本项目是带电作业人员利用绝缘操作杆接触高压带电体进行的作业，适用于 10kV 架空线路带电扶正绝缘子工作。

（二）人员分工

作业人员共 4 人：工作负责人（兼工作监护人）1 人；杆上电工 2 人；地面电工 1 人。

（三）工器具

主要工器具配备见表 2-8。

表 2-8　　主 要 工 器 具 表

名称	单位	数量	名称	单位	数量
安全帽	顶	2	温湿度仪	只	1
绝缘安全帽	顶	2	绝缘传递绳	根	1
绝缘手套	副	2	导线遮蔽罩	根	6
防穿刺手套	副	2	绝缘操作杆		若干
绝缘披肩	副	2	绝缘套筒操作杆	根	1
双重保护绝缘安全带	副	2	绝缘子遮蔽罩	只	3
脚扣	副	2	横担遮蔽罩		若干
绝缘手套检测器	只	1	防潮毡布	块	2
绝缘测试仪（2500V 及以上）	套	1	工具包	只	2
验电器	套	1	清洁毛巾	条	2
风速仪	只	1	待安装螺母	根	3

（四）作业步骤

1. 工具储运和检测

（1）带电作业工器具在运输途中，应存放在专用工具袋、工具箱或专用工具车内，以防受潮和损伤，避免与金属材料、工具混放，不得与酸、碱、油类和化学药品接触。

（2）绝缘工器具在使用中受潮或表面损伤、脏污时，应及时处理并经试验合格后方可使用。使用、设置、拆除绝缘遮蔽用具时应戴清洁、干燥的绝缘手套，并应防止其在使用中脏污和受潮。

（3）领用绝缘工器具、安全用具及辅助器具，应核对工器具的使用电压等级和试验周期，并检查外观是否完好无损。

2. 现场操作前的准备

（1）工作负责人核对线路名称、杆号。

（2）工作负责人检查作业装置、现场环境是否符合作业条件。

（3）工作负责人应按配电带电作业工作票内容与值班调控人员联系，履行工作许可手续。

（4）根据道路情况设置安全围栏、警告标志或路障。

（5）工作负责人召集工作人员交代工作任务，对工作班成员进行危险点告知，交代安全措施和技术措施，确认每一个工作班成员都已知晓，检查工作班成员精神状态是否良好，人员是否合适。

（6）整理材料，对安全用具、绝缘工具进行检查，对绝缘工具应使用绝缘检测仪进行分段绝缘检测，绝缘电阻值不低于 700MΩ。

（7）杆上电工检查电杆根部、基础和拉线是否牢固，对脚扣和腰带进行冲击试验。

3. 操作步骤

（1）杆上电工穿戴好绝缘防护用具，携带工具包、绝缘传递绳，杆上 1、2 号电工登杆至便于作业位置，应满足离带电体 0.4m 以上的安全距离位置，扣牢后备保护绳后向工作负责人汇报。

（2）杆上 1 号电工使用验电器依次对导线、绝缘子、横担进行验电，确认无漏电现象。

（3）地面电工配合杆上 2 号电工传递导线遮蔽罩、绝缘子遮蔽罩、横担遮蔽罩、绝缘操作杆。

（4）杆上 1 号电工移位至近边相导线下方，满足人体应保持对带电体 0.4m 以上的安全距离。用导线遮蔽罩对近边相支柱两侧导线遮蔽，遮蔽过程中动作应平稳，不宜用力过大，防止导线受力弹跳、摆幅。用绝缘子遮蔽罩对绝缘子遮蔽，用横担遮蔽罩对近边相横担遮蔽。作业过程中应满足绝缘操作杆的有效绝缘长度应不小于 0.7m 的安全距离。使用同样方法依次对远边相、中相进行绝缘遮蔽。

（5）杆上 2 号电工配合传递绝缘操作杆。

（6）扶正近边相、远边相支柱绝缘子，按步骤（4）只需对该相带电体、接地体做绝缘遮蔽，杆上 2 号电工配合杆上 1 号电工用绝缘操作杆缓慢扶正绝缘子，杆上 2 号电工稳住绝缘操作杆，防止绝缘子倾斜、摇摆。杆上 1 号电工使用绝缘套筒操作杆紧固绝缘子螺母。绝缘操作杆的有效绝缘长度应不小于 0.7m 的安全距离。

（7）扶正中间相绝缘子，按步骤（4）依次对近边相、远边相、中相做绝缘遮蔽，杆上 2 号电工配合杆上 1 号电工用绝缘操作杆缓慢扶正绝缘子，杆上 2 号电工稳住绝缘操作杆，防止绝缘子倾斜、摇摆。杆上1号电工使用绝缘套筒操作杆紧固绝缘子螺母。绝缘操作杆的有效绝缘长度应不小于0.7m的安全距离。

（8）拆除绝缘遮蔽措施顺序为先拆除中相遮蔽，再拆除远边相遮蔽，最后拆除近边相遮蔽，作业过程中保持人身对带电体有效安全距离0.4m。

（9）地面电工配合杆上电工，传递工具至地面。

（10）检查杆上有无遗留物，作业人员返回地面。

4. 工作终结

（1）工作负责人组织工作人员清点工器具，并清理施工现场。

（2）工作负责人对完成的工作进行全面检查，符合验收规范要求后，记录在册并召开现场收工会，进行工作点评后，宣布工作结束。

（3）汇报值班调控人员工作已经结束，工作班撤离现场。

（五）安全措施及注意事项

1. 气象条件

带电作业应在良好天气下进行，作业前须进行风速和湿度测量，风力大于5级或湿度大于80%时，不宜带电作业。若遇雷电、雪、雹、雨、雾等不良天气，禁止带电作业。带电作业过程中若遇天气突然变化，有可能危及人身及设备安全时，应立即停止工作，撤离人员，恢复设备正常状况，或采取临时安全措施。

2. 作业环境

如在车辆繁忙地段作业，应与交通管理部门联系以取得配合。

3. 安全距离及有效绝缘长度

（1）作业中，绝缘操作杆的有效绝缘长度应不小于0.7m。

（2）作业中，人体应保持对带电体0.4m以上的安全距离。如不能确保该安全距离时，应采用绝缘遮蔽措施，遮蔽用具之间的重叠部分不得小于150mm。

（3）带电作业时如需穿越低压线，应保持有效安全距离或采取绝缘遮蔽措施。

4. 重合闸

本项目一般无需停用重合闸。

（六）关键点

（1）杆上电工到达作业位置，作业前应得到工作监护人的许可。

（2）在作业时，如需使用绝缘斗臂车配合作业，应落实相关的安全措施和安全注意事项。

（3）作业过程中绝缘工具金属部分应与接地体保持足够的安全距离。

（七）其他安全注意事项

（1）杆上电工登杆作业应正确使用安全带。

（2）作业线路下层有低压线路同杆并架时，如妨碍作业，应对作业范围内的相关低压线路采用绝缘遮蔽措施。

（3）上、下传递工具、材料时均应使用绝缘绳传递，严禁抛掷。

九、清除异物（绝缘杆作业法）

（一）项目简介

本项目是带电作业人员利用绝缘操作杆接触高压带电体进行的作业，适用于10kV架空线路带电清除异物工作。

（二）人员分工

作业人员共4人：工作负责人（兼工作监护人）1人；杆上电工2人；地面电工1人。

（三）工器具

主要工器具配备见表2-9。

表2-9　　主要工器具表

名称	单位	数量	名称	单位	数量
安全帽	顶	2	风速仪	只	1
绝缘安全帽	顶	2	温湿度仪	只	1
绝缘手套	副	2	安全帽	顶	2
防穿刺手套	副	2	绝缘传递绳	根	1
绝缘披肩	副	2	导线遮蔽罩		若干
双重保护绝缘安全带	副	2	绝缘夹钳	把	1
脚扣	副	2	绝缘锁杆	把	1
绝缘手套检测器	只	1	防潮毡布	块	2
绝缘测试仪（2500V及以上）	套	1	工具包	只	2
验电器	套	1	清洁毛巾	条	2

（四）作业步骤

1. 工具储运和检测

（1）带电作业工器具在运输途中，应存放在专用工具袋、工具箱或专用工具车内，以防受潮和损伤，避免与金属材料、工具混放，不得与酸、碱、油类和化学药品接触。

（2）绝缘工器具在使用中受潮或表面损伤、脏污时，应及时处理并经试验合格后方可使用。使用、设置、拆除绝缘遮蔽用具时应戴清洁、干燥的绝缘手套，并应防止其在使用中脏污和受潮。

（3）领用绝缘工器具、安全用具及辅助器具，应核对工器具的使用电压等级和试验周期，并检查外观是否完好无损。

2. 现场操作前的准备

（1）工作负责人核对线路名称、杆号。

（2）工作负责人检查作业装置、现场环境是否符合作业条件。

（3）工作负责人应按配电带电作业工作票内容与值班调控人员联系，履行工作许可手续。

（4）根据道路情况设置安全围栏、警告标志或路障。

（5）工作负责人召集工作人员交代工作任务，对工作班成员进行危险点告知，交代安全措施和技术措施，确认每一个工作班成员都已知晓，检查工作班成员精神状态是否良好，人员是否合适。

（6）整理材料，对安全用具、绝缘工具进行检查，对绝缘工具应使用绝缘检测仪进行分段绝缘检测，绝缘电阻值不低于700MΩ。

（7）杆上电工检查电杆根部、基础和拉线是否牢固，对脚扣和腰带进行冲击试验。

3. 操作步骤

（1）杆上电工穿戴好绝缘防护用具，携带工具包、绝缘传递绳，杆上1、2号电工登杆至便于作业位置，应满足离带电体0.4m以上的安全距离位置，扣牢后备保护绳后向工作负责人汇报。

（2）杆上1号电工使用验电器依次对导线、绝缘子、横担进行验电，确认无漏电现象。

（3）地面电工配合杆上2号电工传递导线遮蔽罩、绝缘操作杆。

（4）杆上电工判断拆除异物时的安全距离是否满足要求，无法满足时需采取有效的绝缘遮蔽隔离措施。

（5）杆上1号电工移位至导线异物下方位置，满足人体应保持对带电体0.4m以上的安全距离。如导线异物离带电体的安全距离不满足要求，则需做绝缘遮蔽措施。作业过程中应满足绝缘操作杆的有效绝缘长度应不小于0.7m的安全距离。

（6）杆上2号电工配合传递绝缘锁杆、绝缘夹钳。

（7）杆上1、2号电工配合使用绝缘锁杆、绝缘夹钳清除导线异物，清除异物时，杆上1、2号电工需站在上风侧，需采取措施防止异物落下伤人，作业过程中应满足人体应保持对带电体0.4m以上的安全距离。绝缘操作杆的有效绝缘长度应不小于0.7m的安全距离。

（8）地面电工配合将异物放至地面。

（9）拆除绝缘遮蔽措施顺序为先拆除中相遮蔽，再拆除远边相遮蔽，最后拆除近边相遮蔽，作业过程中保持人身对带电体有效安全距离0.4m。

（10）地面电工配合杆上电工，传递工具至地面。

（11）检查杆上有无遗留物，作业人员返回地面。

4. 工作终结

（1）工作负责人组织工作人员清点工器具，并清理施工现场。

（2）工作负责人对完成的工作进行全面检查，符合验收规范要求后，记录在册并召开现场收工会，进行工作点评后，宣布工作结束。

（3）汇报值班调控人员工作已经结束，工作班撤离现场。

（五）安全措施及注意事项

1. 气象条件

带电作业应在良好天气下进行，作业前须进行风速和湿度测量，风力大于5级或湿度大于80%时，不宜带电作业。若遇雷电、雪、雹、雨、雾等不良天气，禁止带电作业。带电作业过程中若遇天气突然变化，有可能危及人身及设备安全时，应立即停止工作，撤离人员，恢复设备正常状况，或采取临时安全措施。

2. 作业环境

如在车辆繁忙地段作业，应与交通管理部门联系以取得配合。

3. 安全距离及有效绝缘长度

（1）作业中，绝缘操作杆的有效绝缘长度应不小于0.7m。

（2）作业中，人体应保持对带电体0.4m以上的安全距离。如不能确保该安全距离时，应采用绝缘遮蔽措施，遮蔽用具之间的重叠部分不得小于150mm。

（3）带电作业时如需穿越低压线，应保持有效安全距离或采取绝缘遮蔽措施。

4. 重合闸

本项目一般无需停用重合闸。

（六）关键点

（1）杆上电工到达作业位置，作业前应得到工作监护人的许可。

（2）在作业时，如需使用绝缘斗臂车配合作业，应落实相关的安全措施和安全注意事项。

（3）作业过程中绝缘工具金属部分应与接地体保持足够的安全距离。

（七）其他安全注意事项

（1）杆上电工登杆作业应正确使用安全带。

（2）作业线路下层有低压线路同杆并架时，如妨碍作业，应对作业范围内的相关低压线路采用绝缘遮蔽措施。

（3）上、下传递工具、材料时均应使用绝缘绳传递，严禁抛掷。

十、修剪树枝（绝缘杆作业法）

（一）项目简介

本项目是带电作业人员利用绝缘操作杆接触高压带电体进行的作业，适用于10kV架空线路带电修剪树枝工作。

（二）人员分工

作业人员共4人：工作负责人（兼工作监护人）1人；杆上电工2人；地面电工1人。

（三）工器具

主要工器具配备见表2-10。

表2-10　主要工器具表

名称	单位	数量	名称	单位	数量
安全帽	顶	2	风速仪	只	1
绝缘安全帽	顶	2	温湿度仪	只	1
绝缘手套	副	2	绝缘传递绳	根	1
防穿刺手套	副	2	导线遮蔽罩		若干
绝缘披肩	副	2	绝缘杆剪刀	把	1
双重保护绝缘安全带	副	2	绝缘锁杆	根	1
脚扣	副	2	绝缘子遮蔽罩		若干
绝缘手套检测器	只	1	防潮毡布	块	2
绝缘测试仪（2500V及以上）	套	1	工具包	只	2
验电器	套	1	清洁毛巾	条	2

（四）作业步骤

1. 工具储运和检测

（1）带电作业工器具在运输途中，应存放在专用工具袋、工具箱或专用工具车内，以防受潮和损伤，避免与金属材料、工具混放，不得与酸、碱、油类和化学药品接触。

（2）绝缘工器具在使用中受潮或表面损伤、脏污时，应及时处理并经试验合格后方可使用。使用、设置、拆除绝缘遮蔽用具时应戴清洁、干燥的绝缘手套，并应防止其在使用中脏污和受潮。

（3）领用绝缘工器具、安全用具及辅助器具，应核对工器具的使用电压等级和试验周期，并检查外观是否完好无损。

2. 现场操作前的准备

（1）工作负责人核对线路名称、杆号。

（2）工作负责人检查作业装置、现场环境是否符合作业条件。

（3）工作负责人应按配电带电作业工作票内容与值班调控人员联系，履行工作许可手续。

（4）根据道路情况设置安全围栏、警告标志或路障。

（5）工作负责人召集工作人员交代工作任务，对工作班成员进行危险点告知，交代安全措施和技术措施，确认每一个工作班成员都已知晓，检查工作班成员精神状态是否良好，人员是否合适。

（6）整理材料，对安全用具、绝缘工具进行检查，对绝缘工具应使用绝缘检测仪进行分段绝缘检测，绝缘电阻值不低于700MΩ。

（7）杆上电工检查电杆根部、基础和拉线是否牢固，对脚扣和腰带进行冲击试验。

3. 操作步骤

（1）杆上电工穿戴好绝缘防护用具，携带工具包、绝缘传递绳，杆上1、2号电工登杆至便于作业位置，应满足离带电体0.4m以上的安全距离位置，扣牢后备保护绳后向工作负责人汇报。

（2）杆上1号电工使用验电器依次对导线、绝缘子、横担进行验电，确认无漏电现象。

（3）杆上电工判断树枝离带电体的安全距离是否满足要求，无法满足时需采取有效的绝缘遮蔽隔离措施。

（4）地面电工配合杆上2号电工传递导线遮蔽罩、绝缘操作杆。

（5）杆上1号电工移位至待修剪树枝导线下方，满足人体应保持对带电体0.4m以上的安全距离。树枝离带电体的安全距离不满足要求，做绝缘遮蔽措施。作业过程中应满足绝缘操作杆的有效绝缘长度应不小于0.7m的安全距离。

（6）杆上2号电工配合传递绝缘杆剪刀、绝缘锁杆。

（7）杆上2号电工用绝缘锁杆将靠近导线树枝锁紧，杆上1号电工用绝缘杆剪刀修剪靠近导线的树枝。若树枝高于导线，应用绝缘绳固定需修剪的树枝，或使之倒向远离线路方向。绝缘操作杆的有效绝缘长度应不小于0.7m的安全距离。

（8）地面电工配合杆上电工，将修剪的树枝放至地面。

（9）拆除绝缘遮蔽措施顺序为先拆除中相遮蔽，再拆除远边相遮蔽，最后拆除近边相遮蔽，作业过程中保持人身对带电体有效安全距离0.4m。

（10）地面电工配合杆上电工，传递工具至地面。

（11）检查杆上有无遗留物，作业人员返回地面。

4. 工作终结

（1）工作负责人组织工作人员清点工器具，并清理施工现场。

（2）工作负责人对完成的工作进行全面检查，符合验收规范要求后，记录在册并召开现场收工会，进行工作点评后，宣布工作结束。

（3）汇报值班调控人员工作已经结束，工作班撤离现场。

（五）安全措施及注意事项

1. 气象条件

带电作业应在良好天气下进行，作业前须进行风速和湿度测量，风力大于5级或湿度大于80%时，不宜带电作业。若遇雷电、雪、雹、雨、雾等不良天气，禁止带电作业。带电作业过程中若遇天气突然变化，有可能危及人身及设备安全时，应立即停止工作，撤离人员，恢复设备正常状况，或采取临时安全措施。

2. 作业环境

如在车辆繁忙地段作业，应与交通管理部门联系以取得配合。

3. 安全距离及有效绝缘长度

（1）作业中，绝缘操作杆的有效绝缘长度应不小于 0.7m。

（2）作业中，人体应保持对带电体 0.4m 以上的安全距离。如不能确保该安全距离时，应采用绝缘遮蔽措施，遮蔽用具之间的重叠部分不得小于 150mm。

（3）带电作业时如需穿越低压线，应保持有效安全距离或采取绝缘遮蔽措施。

4. 重合闸

本项目一般无需停用重合闸。

（六）关键点

（1）杆上电工到达作业位置，作业前应得到工作监护人的许可。

（2）在作业时，如需使用绝缘斗臂车配合作业，应落实相关的安全措施和安全注意事项。

（3）作业过程中绝缘工具金属部分应与接地体保持足够的安全距离。

（七）其他安全注意事项

（1）杆上电工登杆作业应正确使用安全带。

（2）作业线路下层有低压线路同杆并架时，如妨碍作业，应对作业范围内的相关低压线路采用绝缘遮蔽措施。

（3）上、下传递工具、材料时均应使用绝缘绳传递，严禁抛掷。

十一、修补导线（绝缘手套作业法）

（一）项目简介

本项目是带电作业人员利用绝缘手套接触高压带电体进行的作业，适用于 10kV 架空线路带电修补导线工作。

（二）人员分工

作业人员共 4 人：工作负责人（兼工作监护人）1 人；斗内电工 2 人；地面电工 1 人。

（三）工器具

主要工器具配备见表 2-11。

表 2-11　　主 要 工 器 具 表

名称	单位	数量	名称	单位	数量
绝缘斗臂车	辆	1	绝缘测试仪（2500V 及以上）	套	1
安全帽	顶	2	验电器	套	1
绝缘安全帽	顶	2	风速仪	只	1
绝缘手套	副	2	温湿度仪	只	1
防穿刺手套	副	2	绝缘传递绳	根	1
绝缘披肩	副	2	绝缘毯		若干

续表

名称	单位	数量	名称	单位	数量
绝缘鞋套	双	2	导线遮蔽罩		若干
双重保护绝缘安全带	副	2	防潮毡布	块	2
绝缘手套检测器	只	1	清洁毛巾	条	2

（四）作业步骤

1. 工具储运和检测

（1）带电作业工器具在运输途中，应存放在专用工具袋、工具箱或专用工具车内，以防受潮和损伤，避免与金属材料、工具混放，不得与酸、碱、油类和化学药品接触。

（2）绝缘工器具在使用中受潮或表面损伤、脏污时，应及时处理并经试验合格后方可使用。使用、设置、拆除绝缘遮蔽用具时应戴清洁、干燥的绝缘手套，并应防止其在使用中脏污和受潮。

（3）领用绝缘工器具、安全用具及辅助器具，应核对工器具的使用电压等级和试验周期，并检查外观是否完好无损。

2. 现场操作前的准备

（1）工作负责人核对线路名称、杆号。

（2）工作负责人检查作业装置、现场环境是否符合作业条件。

（3）工作负责人应按配电带电作业工作票内容与值班调控人员联系，履行工作许可手续。

（4）绝缘斗臂车进入合适位置，并可靠接地，根据道路情况设置安全围栏、警告标志或路障。

（5）工作负责人召集工作人员交代工作任务，对工作班成员进行危险点告知，交代安全措施和技术措施，确认每一个工作班成员都已知晓，检查工作班成员精神状态是否良好，人员是否合适。

（6）整理材料，对安全用具、绝缘工具进行检查，对绝缘工具应使用绝缘检测仪进行分段绝缘检测，绝缘电阻值不低于 700MΩ。查看绝缘臂、绝缘斗是否良好，调试斗臂车。

（7）斗内电工穿戴好绝缘防护用具，进入绝缘斗，挂好安全带保险钩。

（8）斗内电工将工作斗调整至带电作业区域横担下侧适当位置，使用验电器依次对导线、绝缘子、横担进行验电，确认无漏电现象。

3. 操作步骤

（1）斗内电工将绝缘斗调整至近边相导线面对导线损伤点外侧位置，观察导线损伤情况并汇报工作负责人，由工作负责人决定修补方案（按带电补修的标准：①钢芯铝绞线：在同一截面处铝股损伤面积不超过铝面积 7%，采用缠绕方法修补；损伤面积在 7%以上、

25%以下时，利用补修金具补修。②单金属导线：在同一截面处铝股损伤面积不超过铝面积 5%，采用缠绕方法修补；损伤面积在 5%以上、17%以下时，利用补修金具补修。③连续损伤虽在允许修补范围内，但其损伤长度已超出一个修补金具所能补修的长度，必须剪断重接)；斗内电工将绝缘斗调整至近边相导线外侧，对近边相导线用导线遮蔽罩进行遮蔽，遮蔽过程中动作应平稳，不宜用力过大，防止导线受力弹跳、摆幅。使用同样方法依次对远边相、中间相进行绝缘遮蔽。作业过程中应满足人体对带电体有效安全距离 0.4m、对邻相导线不小于 0.6m 的安全距离，按照“从近到远、从下到上、先带电体后接地体”的遮蔽原则对作业范围内的所有带电体和接地体进行绝缘遮蔽。

（2）近边相修补导线，按步骤（1）依次对远边相、中相做绝缘遮蔽，斗内电工将绝缘斗调整至近边相外侧位置，打开修补导线处的绝缘遮蔽，斗内电工按照工作负责人所列方案对损伤导线进行修补，修补完导线后恢复绝缘。

（3）远边相修补导线，按步骤（1）依次对近边相、中相做绝缘遮蔽，斗内电工将绝缘斗调整至远边相外侧位置，打开修补导线处的绝缘遮蔽，斗内电工按照工作负责人所列方案对损伤导线进行修补，修补完导线后恢复绝缘。

（4）中间相修补导线，按步骤（1）依次对近边相、远边相、中间相做绝缘遮蔽，斗内电工将绝缘斗调整至中相导线下方，打开修补导线处的绝缘遮蔽，斗内电工按照工作负责人所列方案对损伤导线进行修补，修补完导线后恢复绝缘。

（5）导线修补工作结束后，应先拆除中间相遮蔽，再拆除远边相遮蔽，最后拆除近边相遮蔽。拆除绝缘遮蔽措施顺序，按照“从远到近、从上到下、先接地体后带电体”的原则拆除绝缘遮蔽隔离措施，作业过程中保持人体对带电体有效安全距离 0.4m。斗内电工检查杆上无任何遗留物后，操作绝缘斗退出有电工作区域，作业人员返回地面。

4. 工作终结

（1）工作负责人组织工作人员清点工器具，并清理施工现场。

（2）工作负责人对完成的工作进行全面检查，符合验收规范要求后，记录在册并召开现场收工会，进行工作点评后宣布工作结束。

（3）汇报值班调控人员工作已经结束，工作班撤离现场。

（五）安全措施及注意事项

1. 气象条件

带电作业应在良好天气下进行，作业前须进行风速和湿度测量，风力大于 5 级或湿度大于 80%时，不宜带电作业。若遇雷电、雪、雹、雨、雾等不良天气，禁止带电作业。带电作业过程中若遇天气突然变化，有可能危及人身及设备安全时，应立即停止工作，撤离人员，恢复设备正常状况，或采取临时安全措施。

2. 作业环境

如在车辆繁忙地段作业，应与交通管理部门联系以取得配合。

3. 安全距离及有效绝缘长度

（1）作业中，绝缘斗臂车绝缘臂的有效绝缘长度应不小于 1.0m。

（2）作业中，人体应保持对地不小于 0.4m；如不能确保该安全距离时，应采用绝缘遮蔽措施，遮蔽用具之间的重叠部分不得小于 150mm。

4. 重合闸

本项目一般无需停用线路重合闸。

（六）关键点

（1）一相作业完成后，应迅速对其恢复和保持绝缘遮蔽，再对另一相开展作业。

（2）对不规则带电部件和接地构件可采用绝缘毯进行遮蔽，但要注意夹紧固定。

（3）作业时，严禁人体同时接触不同的电位体；绝缘斗内双人工作时禁止两人接触不同电位体。

（七）其他安全注意事项

（1）作业前应进行现场勘察。

（2）斗臂车绝缘斗在有电工作区域转移时，应缓慢移动，动作要平稳；绝缘斗臂车作业时，发动机不能熄火（电能驱动型除外），以保证液压系统处于工作状态。

（3）在操作绝缘斗移动时，应防止与电杆、导线、周围障碍物、邻近绝缘斗臂车碰擦。

（4）作业线路下层有低压线路同杆并架时，如妨碍作业，应对作业范围内的相关低压线路采取绝缘遮蔽措施。

（5）根据导线损伤情况，由工作负责人决定是否采取防止作业过程中导线断线的安全措施。

（6）在同杆架设线路上工作，与上层线路小于安全距离规定且无法采取安全措施时，不得进行该项工作。

（7）上、下传递工具、材料时均应使用绝缘传递绳，严禁抛掷。

（8）作业过程中禁止摘下绝缘防护用具。

十二、拆除故障指示器（绝缘手套作业法）

（一）项目简介

本项目是带电作业人员利用绝缘手套接触高压带电体进行的作业，适用于 10kV 架空线路带电拆除故障指示器工作。

（二）人员分工

作业人员共 4 人：工作负责人（兼工作监护人）1 人；斗内电工 2 人；地面电工 1 人。

（三）工器具

主要工器具配备见表 2-12。

表 2-12　主要工器具表

名称	单位	数量	名称	单位	数量
绝缘斗臂车	辆	1	验电器	套	1
安全帽	顶	2	风速仪	只	1
绝缘安全帽	顶	2	温湿度仪	只	1
绝缘手套	副	2	绝缘毯		若干
防穿刺手套	副	2	导线遮蔽罩		若干
绝缘披肩	副	2	绝缘操作杆		若干
绝缘鞋套	双	2	故障指示器安装工具	套	1
双重保护绝缘安全带	副	2	防潮毡布	块	2
绝缘手套检测器	只	1	清洁毛巾	块	2
绝缘测试仪（2500V 及以上）	套	1			

（四）作业步骤

1. 工具储运和检测

（1）带电作业工器具在运输途中，应存放在专用工具袋、工具箱或专用工具车内，以防受潮和损伤，避免与金属材料、工具混放，不得与酸、碱、油类和化学药品接触。

（2）绝缘工器具在使用中受潮或表面损伤、脏污时，应及时处理并经试验合格后方可使用。使用、设置、拆除绝缘遮蔽用具时应戴清洁、干燥的绝缘手套，并应防止其在使用中脏污和受潮。

（3）领用绝缘工器具、安全用具及辅助器具，应核对工器具的使用电压等级和试验周期，并检查外观是否完好无损。

2. 现场操作前的准备

（1）工作负责人核对线路名称、杆号。

（2）工作负责人检查作业装置、现场环境是否符合作业条件。

（3）工作负责人应按配电带电作业工作票内容与值班调控人员联系，履行工作许可手续。

（4）绝缘斗臂车进入合适位置，并可靠接地，根据道路情况设置安全围栏、警告标志或路障。

（5）工作负责人召集工作人员交代工作任务，对工作班成员进行危险点告知，交代安全措施和技术措施，确认每一个工作班成员都已知晓，检查工作班成员精神状态是否良好，人员是否合适。

（6）整理材料，对安全用具、绝缘工具进行检查，对绝缘工具应使用绝缘检测仪进行分段绝缘检测，绝缘电阻值不低于 700MΩ。查看绝缘臂、绝缘斗是否良好，调试斗臂车。

（7）斗内电工穿戴好绝缘防护用具，进入绝缘斗，挂好安全带保险钩。

（8）斗内电工将工作斗调整至带电作业区域横担下侧适当位置，使用验电器依次对导线、绝缘子、横担进行验电，确认无漏电现象。

3. 操作步骤

（1）斗内电工将绝缘斗调整至近边相导线拆除故障指示器位置，1 号电工对近边相导线用导线遮蔽罩和绝缘毯进行绝缘遮蔽。遮蔽过程中，动作应平稳，不宜用力过大，防止导线受力弹跳、摆幅。同样方法依次对远边相、中相进行绝缘遮蔽。按照“从近到远、从下到上、先带电体后接地体”的遮蔽原则对作业范围内的所有带电体和接地体进行绝缘遮蔽，且满足人体应保持对地不小于 0.4m 的安全距离。

（2）中间相拆除故障指示器，斗内电工将绝缘斗调整到中间相导线故障指示器下侧，在待拆除故障指示器位置打开绝缘遮蔽，拆除故障指示器，拆除完毕后恢复中间相绝缘遮蔽措施。

（3）远边相拆除故障指示器，斗内电工将绝缘斗调整到远边相导线故障指示器外侧，在待拆除故障指示器位置打开绝缘遮蔽，拆除故障指示器，拆除完毕后恢复远边相绝缘遮蔽措施。

（4）近边相拆除故障指示器，斗内电工将绝缘斗调整到近边相导线故障指示器外侧，在待拆除故障指示器位置打开绝缘遮蔽，拆除故障指示器，拆除完毕后恢复近边相绝缘遮蔽措施。

（5）拆除故障指示器应先中间相、再远边相、最后近边相的顺序，也可视现场实际情况由远到近依次进行。

（6）拆除绝缘遮蔽措施顺序为先拆除中相遮蔽，再拆除远边相遮蔽，最后拆除近边相遮蔽，作业过程中保持人身对带电体有效安全距离 0.4m。按照“从远到近、从上到下、先接地体后带电体”的原则拆除绝缘遮蔽。斗内电工检查杆上无任何遗留物后，操作绝缘斗退出有电工作区域，作业人员返回地面。

4. 工作终结

（1）工作负责人组织工作人员清点工器具，并清理施工现场。

（2）工作负责人对完成的工作进行全面检查，符合验收规范要求后，记录在册并召开现场收工会，进行工作点评后，宣布工作结束。

（3）汇报值班调控人员工作已经结束，工作班撤离现场。

（五）安全措施及注意事项

1. 气象条件

带电作业应在良好天气下进行，作业前须进行风速和湿度测量，风力大于 5 级或湿度大于 80%时，不宜带电作业。若遇雷电、雪、雹、雨、雾等不良天气，禁止带电作业。带电作业过程中若遇天气突然变化，有可能危及人身及设备安全时，应立即停止工作，撤离人员，恢复设备正常状况，或采取临时安全措施。

2. 作业环境

如在车辆繁忙地段作业，应与交通管理部门联系以取得配合。

3. 安全距离及有效绝缘长度

（1）作业中，绝缘斗臂车绝缘臂的有效绝缘长度应不小于1.0m。

（2）作业中，人体应保持对地不小于0.4m；如不能确保该安全距离时，应采用绝缘遮蔽措施，遮蔽用具之间的重叠部分不得小于150mm。

4. 重合闸

本项目需要停用线路重合闸。

（六）关键点

（1）一相作业完成后，应迅速对其恢复和保持绝缘遮蔽，然后再对另一相开展作业。

（2）对不规则带电部件和接地构件可采用绝缘毯进行遮蔽，但要注意夹紧固定。

（3）作业时，严禁人体同时接触不同的电位体；绝缘斗内双人工作时禁止两人接触不同电位体。

（七）其他安全注意事项

（1）作业前应进行现场勘察。

（2）斗臂车绝缘斗在有电工作区域转移时，应缓慢移动，动作要平稳；绝缘斗臂车作业时，发动机不能熄火（电能驱动型除外），以保证液压系统处于工作状态。

（3）在操作绝缘斗移动时，应防止与电杆、导线、周围障碍物、邻近绝缘斗臂车碰擦。

（4）作业线路下层有低压线路同杆并架时，如妨碍作业，应对作业范围内的相关低压线路采取绝缘遮蔽措施。

（5）根据导线损伤情况，由工作负责人决定是否采取防止作业过程中导线断线的安全措施。

（6）在同杆架设线路上工作，与上层线路小于安全距离规定且无法采取安全措施时，不得进行该项工作。

（7）上、下传递工具、材料时均应使用绝缘传递绳，严禁抛掷。

（8）作业过程中禁止摘下绝缘防护用具。

十三、加装故障指示器（绝缘手套作业法）

（一）项目简介

本项目是带电作业人员利用绝缘手套接触高压带电体进行的作业，适用于10kV架空线路带电加装故障指示器工作。

（二）人员分工

作业人员共4人：工作负责人（兼工作监护人）1人；斗内电工2人；地面电工1人。

（三）工器具

主要工器具配备见表 2-13。

表 2-13 主要工器具表

名称	单位	数量	名称	单位	数量
绝缘斗臂车	辆	1	风速仪	只	1
安全帽	顶	2	温湿度仪	只	1
绝缘安全帽	顶	2	绝缘斗臂车	辆	1
绝缘手套	副	2	绝缘毯		若干
防穿刺手套	副	2	导线遮蔽罩		若干
绝缘披肩	副	2	绝缘操作杆		若干
绝缘鞋套	双	2	故障指示器安装工具	套	1
双重保护绝缘安全带	副	2	待安装故障指示器	只	3
绝缘手套检测器	只	1	防潮毡布	块	2
绝缘测试仪（2500V 及以上）	套	1	清洁毛巾	条	2
验电器	套	1			

（四）作业步骤

1. 工具储运和检测

（1）带电作业工器具在运输途中，应存放在专用工具袋、工具箱或专用工具车内，以防受潮和损伤，避免与金属材料、工具混放，不得与酸、碱、油类和化学药品接触。

（2）绝缘工器具在使用中受潮或表面损伤、脏污时，应及时处理并经试验合格后方可使用。使用、设置、拆除绝缘遮蔽用具时应戴清洁、干燥的绝缘手套，并应防止其在使用中脏污和受潮。

（3）领用绝缘工器具、安全用具及辅助器具，应核对工器具的使用电压等级和试验周期，并检查外观是否完好无损。

2. 现场操作前的准备

（1）工作负责人核对线路名称、杆号。

（2）工作负责人检查作业装置、现场环境是否符合作业条件。

（3）工作负责人应按配电带电作业工作票内容与值班调控人员联系，履行工作许可手续。

（4）绝缘斗臂车进入合适位置，并可靠接地，根据道路情况设置安全围栏、警告标志或路障。

（5）工作负责人召集工作人员交代工作任务，对工作班成员进行危险点告知，交代安全措施和技术措施，确认每一个工作班成员都已知晓，检查工作班成员精神状态是否良好，人员是否合适。

（6）整理材料，对安全用具、绝缘工具进行检查，对绝缘工具应使用绝缘检测仪进行分段绝缘检测，绝缘电阻值不低于 700MΩ。查看绝缘臂、绝缘斗是否良好，调试斗臂车。

（7）斗内电工穿戴好绝缘防护用具，进入绝缘斗，挂好安全带保险钩。

（8）斗内电工将工作斗调整至带电作业区域横担下侧适当位置，使用验电器依次对导线、绝缘子、横担进行验电，确认无漏电现象。

3. 操作步骤

（1）斗内电工将绝缘斗调整至近边相导线安装故障指示器位置，1 号电工对近边相导线用导线遮蔽罩和绝缘毯进行绝缘遮蔽。遮蔽过程中，动作应平稳，不宜用力过大，防止导线受力弹跳、摆幅。以同样方法依次对远边相、中相进行绝缘遮蔽。按照“从近到远、从下到上、先带电体后接地体”的遮蔽原则对作业范围内的所有带电体和接地体进行绝缘遮蔽，且满足人体应保持对地不小于 0.4m 的安全距离。

（2）中间相加装故障指示器，斗内电工将绝缘斗调整到中间相导线下侧，在安装故障指示器位置打开绝缘遮蔽，安装故障指示器，安装完毕后恢复中间相绝缘遮蔽措施。

（3）远边相加装故障指示器，斗内电工将绝缘斗调整到远边相导线外侧，在安装故障指示器位置打开绝缘遮蔽，安装故障指示器，安装完毕后恢复远边相绝缘遮蔽措施。

（4）近边相加装故障指示器，斗内电工将绝缘斗调整到近边相导线外侧，在安装故障指示器位置打开绝缘遮蔽，安装故障指示器，安装完毕后恢复近边相绝缘遮蔽措施。

（5）安装故障指示器应按先中间相、再远边相、最后近边相的顺序，也可视现场实际情况由远到近依次进行。

（6）拆除绝缘遮蔽措施顺序为先拆除中相遮蔽，再拆除远边相遮蔽，最后拆除近边相遮蔽，作业过程中保持人身对带电体有效安全距离 0.4m。按照“从远到近、从上到下、先接地体后带电体”的原则拆除绝缘遮蔽。斗内电工检查杆上无任何遗留物后，操作绝缘斗退出有电工作区域，作业人员返回地面。

4. 工作终结

（1）工作负责人组织工作人员清点工器具，并清理施工现场。

（2）工作负责人对完成的工作进行全面检查，符合验收规范要求后，记录在册并召开现场收工会，进行工作点评后，宣布工作结束。

（3）汇报值班调控人员工作已经结束，工作班撤离现场。

（五）安全措施及注意事项

1. 气象条件

带电作业应在良好天气下进行，作业前须进行风速和湿度测量，风力大于 5 级或湿度大于 80%时，不宜带电作业。若遇雷电、雪、雹、雨、雾等不良天气，禁止带电作业。带电作业过程中若遇天气突然变化，有可能危及人身及设备安全时，应立即停止工作，撤离人员，恢复设备正常状况，或采取临时安全措施。

2. 作业环境

如在车辆繁忙地段作业，应与交通管理部门联系以取得配合。

3. 安全距离及有效绝缘长度

（1）作业中，绝缘斗臂车绝缘臂的有效绝缘长度应不小于1.0m。

（2）作业中，人体应保持对地不小于0.4m；如不能确保该安全距离时，应采用绝缘遮蔽措施，遮蔽用具之间的重叠部分不得小于150mm。

4. 重合闸

本项目需要停用线路重合闸。

（六）关键点

（1）一相作业完成后，应迅速对其恢复和保持绝缘遮蔽，然后再对另一相开展作业。

（2）对不规则带电部件和接地构件可采用绝缘毯进行遮蔽，但要注意夹紧固定。

（3）作业时，严禁人体同时接触不同的电位体；绝缘斗内双人工作时禁止两人接触不同电位体。

（七）其他安全注意事项

（1）作业前应进行现场勘察。

（2）斗臂车绝缘斗在有电工作区域转移时，应缓慢移动，动作要平稳；绝缘斗臂车作业时，发动机不能熄火（电能驱动型除外），以保证液压系统处于工作状态。

（3）在操作绝缘斗移动时，应防止与电杆、导线、周围障碍物、邻近绝缘斗臂车碰擦。

（4）作业线路下层有低压线路同杆并架时，如妨碍作业，应对作业范围内的相关低压线路采取绝缘遮蔽措施。

（5）根据导线损伤情况，由工作负责人决定是否采取防止作业过程中导线断线的安全措施。

（6）在同杆架设线路上工作，与上层线路小于安全距离规定且无法采取安全措施时，不得进行该项工作。

（7）上、下传递工具、材料时均应使用绝缘传递绳，严禁抛掷。

（8）作业过程中禁止摘下绝缘防护用具。

十四、拆除接触设备套管（绝缘手套作业法）

（一）项目简介

本项目是带电作业人员利用绝缘手套接触高压带电体进行的作业，适用于10kV架空线路带电拆除接触设备套管工作。

（二）人员分工

作业人员共4人：工作负责人（兼工作监护人）1人；斗内电工2人；地面电工1人。

（三）工器具

主要工器具配备见表 2-14。

表 2-14　　主要工器具表

名称	单位	数量	名称	单位	数量
绝缘斗臂车	辆	1	绝缘测试仪（2500V 及以上）	套	1
安全帽	顶	2	验电器	套	1
绝缘安全帽	顶	2	风速仪	只	1
绝缘手套	副	2	温湿度仪	只	1
防穿刺手套	副	2	绝缘毯		若干
绝缘披肩	副	2	导线遮蔽罩		若干
绝缘鞋套	双	2	防潮毡布	块	2
双重保护绝缘安全带	副	2	清洁毛巾	条	2
绝缘手套检测器	只	1			

（四）作业步骤

1. 工具储运和检测

（1）带电作业工器具在运输途中，应存放在专用工具袋、工具箱或专用工具车内，以防受潮和损伤，避免与金属材料、工具混放，不得与酸、碱、油类和化学药品接触。

（2）绝缘工器具在使用中受潮或表面损伤、脏污时，应及时处理并经试验合格后方可使用。使用、设置、拆除绝缘遮蔽用具时应戴清洁、干燥的绝缘手套，并应防止其在使用中脏污和受潮。

（3）领用绝缘工器具、安全用具及辅助器具，应核对工器具的使用电压等级和试验周期，并检查外观是否完好无损。

2. 现场操作前的准备

（1）工作负责人核对线路名称、杆号。

（2）工作负责人检查作业装置、现场环境是否符合作业条件。

（3）工作负责人应按配电带电作业工作票内容与值班调控人员联系，履行工作许可手续。

（4）绝缘斗臂车进入合适位置，并可靠接地，根据道路情况设置安全围栏、警告标志或路障。

（5）工作负责人召集工作人员交代工作任务，对工作班成员进行危险点告知，交代安全措施和技术措施，确认每一个工作班成员都已知晓，检查工作班成员精神状态是否良好，人员是否合适。

（6）整理材料，对安全用具、绝缘工具进行检查，对绝缘工具应使用绝缘检测仪进行分段绝缘检测，绝缘电阻值不低于700MΩ。查看绝缘臂、绝缘斗是否良好，调试斗臂车。

（7）斗内电工穿戴好绝缘防护用具，进入绝缘斗，挂好安全带保险钩。

（8）斗内电工将工作斗调整至带电作业区域横担下侧适当位置，使用验电器依次对导线、绝缘子、横担进行验电，确认无漏电现象。

3. 操作步骤

（1）斗内电工将绝缘斗调整至近边相导线外侧位置，对近边相的带电体、接地体进行绝缘遮蔽，作业过程中保持人身对带电体有效安全距离0.4m，遮蔽过程中，不宜用力过大，防止导线受力弹跳、摆幅。使用同样方法依次对远边相、中相做绝缘遮蔽。按照“从近到远、从下到上、先带电体后接地体”的遮蔽原则做绝缘遮蔽。

（2）拆除中间相接触设备套管，斗内电工将绝缘斗移动至中间相下侧拆除设备套管位置，将绝缘套管开口向上，拉到绝缘套管安装工具的导入槽上，拆除中间相导线上绝缘套管。

（3）拆除远边相接触设备套管，斗内电工将绝缘斗移动至远边相外侧拆除设备套管位置，将绝缘套管开口向上，拉到绝缘套管安装工具的导入槽上，拆除远边相导线上绝缘套管。

（4）拆除近边相设备套管，斗内电工将绝缘斗移动至近边相外侧拆除设备套管位置，将绝缘套管开口向上，拉到绝缘套管安装工具的导入槽上，拆除近边相导线上绝缘套管。

（5）拆除绝缘套管的顺序为先拆除中相遮蔽，再拆除远边相遮蔽，最后拆除近边相遮蔽。工作结束后按照“从远到近、从上到下、先接地体后带电体”的原则拆除绝缘隔离措施。斗内电工检查杆上无任何遗留物后，操作绝缘斗退出有电工作区域，作业人员返回地面。

（五）安全措施及注意事项

1. 气象条件

带电作业应在良好天气下进行，作业前须进行风速和湿度测量，风力大于5级或湿度大于80%时，不宜带电作业。若遇雷电、雪、雹、雨、雾等不良天气，禁止带电作业。带电作业过程中若遇天气突然变化，有可能危及人身及设备安全时，应立即停止工作，撤离人员，恢复设备正常状况，或采取临时安全措施。

2. 作业环境

如在车辆繁忙地段作业，应与交通管理部门联系以取得配合。

3. 安全距离及有效绝缘长度

（1）作业中，绝缘斗臂车绝缘臂的有效绝缘长度应不小于1.0m。

（2）作业中，人体应保持对地不小于0.4m；如不能确保该安全距离时，应采用绝缘遮蔽措施，遮蔽用具之间的重叠部分不得小于150mm。

4. 重合闸

本项目需要停用线路重合闸。

（六）关键点

（1）一相作业完成后，应迅速对其恢复和保持绝缘遮蔽，然后再对另一相开展作业。

（2）对不规则带电部件和接地构件可采用绝缘毯进行遮蔽，但要注意夹紧固定。

（3）作业时，严禁人体同时接触不同的电位体；绝缘斗内双人工作时禁止两人接触不同电位体。

（七）其他安全注意事项

（1）作业前应进行现场勘察。

（2）斗臂车绝缘斗在有电工作区域转移时，应缓慢移动，动作要平稳；绝缘斗臂车作业时，发动机不能熄火（电能驱动型除外），以保证液压系统处于工作状态。

（3）在操作绝缘斗移动时，应防止与电杆、导线、周围障碍物、邻近绝缘斗臂车碰擦。

（4）作业线路下层有低压线路同杆并架时，如妨碍作业，应对作业范围内的相关低压线路采取绝缘遮蔽措施。

（5）根据导线损伤情况，由工作负责人决定是否采取防止作业过程中导线断线的安全措施。

（6）在同杆架设线路上工作，与上层线路小于安全距离规定且无法采取安全措施时，不得进行该项工作。

（7）上、下传递工具、材料时均应使用绝缘传递绳，严禁抛掷。

（8）作业过程中禁止摘下绝缘防护用具。

十五、加装接触设备套管（绝缘手套作业法）

（一）项目简介

本项目是带电作业人员利用绝缘手套接触高压带电体进行的作业，适用于 10kV 架空线路带电加装接触设备套管工作。

（二）人员分工

作业人员共 4 人：工作负责人（兼工作监护人）1 人；斗内电工 2 人；地面电工 1 人。

（三）工器具

主要工器具配备见表 2-15。

表 2-15 主要工器具表

名称	单位	数量	名称	单位	数量
绝缘斗臂车	辆	1	绝缘测试仪（2500V 及以上）	套	1
安全帽	顶	2	验电器	套	1

续表

名称	单位	数量	名称	单位	数量
绝缘安全帽	顶	2	风速仪	只	1
绝缘手套	副	2	温湿度仪	只	1
防穿刺手套	副	2	绝缘毯		若干
绝缘披肩	副	2	导线遮蔽罩		若干
绝缘鞋套	双	2	防潮毡布	块	2
双重保护绝缘安全带	副	2	清洁毛巾	条	2
绝缘手套检测器	只	1			

（四）作业步骤

1. 工具储运和检测

（1）带电作业工器具在运输途中，应存放在专用工具袋、工具箱或专用工具车内，以防受潮和损伤，避免与金属材料、工具混放，不得与酸、碱、油类和化学药品接触。

（2）绝缘工器具在使用中受潮或表面损伤、脏污时，应及时处理并经试验合格后方可使用。使用、设置、拆除绝缘遮蔽用具时应戴清洁、干燥的绝缘手套，并应防止其在使用中脏污和受潮。

（3）领用绝缘工器具、安全用具及辅助器具，应核对工器具的使用电压等级和试验周期，并检查外观是否完好无损。

2. 现场操作前的准备

（1）工作负责人核对线路名称、杆号。

（2）工作负责人检查作业装置、现场环境是否符合作业条件。

（3）工作负责人应按配电带电作业工作票内容与值班调控人员联系，履行工作许可手续。

（4）绝缘斗臂车进入合适位置，并可靠接地，根据道路情况设置安全围栏、警告标志或路障。

（5）工作负责人召集工作人员交代工作任务，对工作班成员进行危险点告知，交代安全措施和技术措施，确认每一个工作班成员都已知晓，检查工作班成员精神状态是否良好，人员是否合适。

（6）整理材料，对安全用具、绝缘工具进行检查，对绝缘工具应使用绝缘检测仪进行分段绝缘检测，绝缘电阻值不低于700MΩ。查看绝缘臂、绝缘斗是否良好，调试斗臂车。

（7）斗内电工穿戴好绝缘防护用具，进入绝缘斗，挂好安全带保险钩。

（8）斗内电工将工作斗调整至带电作业区域横担下侧适当位置，使用验电器依次对导线、绝缘子、横担进行验电，确认无漏电现象。

3. 操作步骤

（1）斗内电工将绝缘斗调整至近边相导线外侧位置，对近边相的带电体、接地体进行绝缘遮蔽，作业过程中保持人身对带电体有效安全距离0.4m，遮蔽过程中，不宜用力过大，防止导线受力弹跳、摆幅。使用同样方法依次对远边相、中相做绝缘遮蔽。按照“从近到远、从下到上、先带电体后接地体”的遮蔽原则做绝缘遮蔽。

（2）近边相加装接触设备套管，斗内电工将绝缘斗移动至近边相外侧安装设备套管位置，斗内电工安装绝缘套管，安装过程中绝缘套管之间应紧密连接，绝缘套管开口向下。

（3）远边相加装接触设备套管，斗内电工将绝缘斗移动至远边相外侧安装设备套管位置，斗内电工安装绝缘套管，安装过程中绝缘套管之间应紧密连接，绝缘套管开口向下。

（4）中间相加装接触设备套管，斗内电工将绝缘斗移动至中间相下侧安装设备套管位置，斗内电工安装绝缘套管，安装过程中绝缘套管之间应紧密连接，绝缘套管开口向下。

（5）工作结束后按照“从远到近、从上到下、先接地体后带电体”的原则拆除绝缘隔离措施。斗内电工检查杆上无任何遗留物后，操作绝缘斗退出有电工作区域，作业人员返回地面。

4. 工作终结

（1）工作负责人组织工作人员清点工器具，并清理施工现场。

（2）工作负责人对完成的工作进行全面检查，符合验收规范要求后，记录在册并召开现场收工会，进行工作点评后，宣布工作结束。

（3）汇报值班调控人员工作已经结束，工作班撤离现场。

（五）安全措施及注意事项

1. 气象条件

带电作业应在良好天气下进行，作业前须进行风速和湿度测量，风力大于5级或湿度大于80%时，不宜带电作业。若遇雷电、雪、雹、雨、雾等不良天气，禁止带电作业。带电作业过程中若遇天气突然变化，有可能危及人身及设备安全时，应立即停止工作，撤离人员，恢复设备正常状况，或采取临时安全措施。

2. 作业环境

如在车辆繁忙地段作业，应与交通管理部门联系以取得配合。

3. 安全距离及有效绝缘长度

（1）作业中，绝缘斗臂车绝缘臂的有效绝缘长度应不小于1.0m。

（2）作业中，人体应保持对地不小于0.4m；如不能确保该安全距离时，应采用绝缘遮蔽措施，遮蔽用具之间的重叠部分不得小于150mm。

4. 重合闸

本项目需要停用线路重合闸。

（六）关键点

（1）一相作业完成后，应迅速对其恢复和保持绝缘遮蔽，然后再对另一相开展作业。

（2）对不规则带电部件和接地构件可采用绝缘毯进行遮蔽，但要注意夹紧固定。

（3）作业时，严禁人体同时接触不同的电位体；绝缘斗内双人工作时禁止两人接触不同电位体。

（七）其他安全注意事项

（1）作业前应进行现场勘察。

（2）斗臂车绝缘斗在有电工作区域转移时，应缓慢移动，动作要平稳；绝缘斗臂车作业时，发动机不能熄火（电能驱动型除外），以保证液压系统处于工作状态。

（3）在操作绝缘斗移动时，应防止与电杆、导线、周围障碍物、邻近绝缘斗臂车碰擦。

（4）作业线路下层有低压线路同杆并架时，如妨碍作业，应对作业范围内的相关低压线路采取绝缘遮蔽措施。

（5）根据导线损伤情况，由工作负责人决定是否采取防止作业过程中导线断线的安全措施。

（6）在同杆架设线路上工作，与上层线路小于安全距离规定且无法采取安全措施时，不得进行该项工作。

（7）上、下传递工具、材料时均应使用绝缘传递绳，严禁抛掷。

（8）作业过程中禁止摘下绝缘防护用具。

十六、拆除驱鸟器（绝缘手套作业法）

（一）项目简介

本项目是带电作业人员利用绝缘手套接触高压带电体进行的作业，适用于 10kV 架空线路带电拆除驱鸟器工作。

（二）人员分工

作业人员共 4 人：工作负责人（兼工作监护人）1 人；斗内电工 2 人；地面电工 1 人。

（三）工器具

主要工器具配备见表 2-16。

表 2-16　　　　主 要 工 器 具 表

名称	单位	数量	名称	单位	数量
绝缘斗臂车	辆	1	绝缘测试仪（2500V 及以上）	套	1
安全帽	顶	2	验电器	套	1
绝缘安全帽	顶	2	风速仪	只	1
绝缘手套	副	2	温湿度仪	只	1
防穿刺手套	副	2	导线遮蔽罩		若干
绝缘披肩	副	2	绝缘毯		若干

续表

名称	单位	数量	名称	单位	数量
绝缘鞋套	双	2	防潮毡布	块	2
双重保护绝缘安全带	副	2	清洁毛巾	条	2
绝缘手套检测器	只	1			

（四）作业步骤

1. 工具储运和检测

（1）带电作业工器具在运输途中，应存放在专用工具袋、工具箱或专用工具车内，以防受潮和损伤，避免与金属材料、工具混放，不得与酸、碱、油类和化学药品接触。

（2）绝缘工器具在使用中受潮或表面损伤、脏污时，应及时处理并经试验合格后方可使用。使用、设置、拆除绝缘遮蔽用具时应戴清洁、干燥的绝缘手套，并应防止其在使用中脏污和受潮。

（3）领用绝缘工器具、安全用具及辅助器具，应核对工器具的使用电压等级和试验周期，并检查外观是否完好无损。

2. 现场操作前的准备

（1）工作负责人核对线路名称、杆号。

（2）工作负责人检查作业装置、现场环境是否符合作业条件。

（3）工作负责人应按配电带电作业工作票内容与值班调控人员联系，履行工作许可手续。

（4）绝缘斗臂车进入合适位置，并可靠接地，根据道路情况设置安全围栏、警告标志或路障。

（5）工作负责人召集工作人员交代工作任务，对工作班成员进行危险点告知，交代安全措施和技术措施，确认每一个工作班成员都已知晓，检查工作班成员精神状态是否良好，人员是否合适。

（6）整理材料，对安全用具、绝缘工具进行检查，对绝缘工具应使用绝缘检测仪进行分段绝缘检测，绝缘电阻值不低于700MΩ。查看绝缘臂、绝缘斗是否良好，调试斗臂车。

（7）斗内电工穿戴好绝缘防护用具，进入绝缘斗，挂好安全带保险钩。

（8）斗内电工将工作斗调整至带电作业区域横担下侧适当位置，使用验电器依次对导线、绝缘子、横担进行验电，确认无漏电现象。

3. 操作步骤

（1）斗内电工将绝缘斗调整至近边相绝缘支柱左侧位置，对近边相导线用导线遮蔽罩进行遮蔽，遮蔽过程中动作应平稳，不宜用力过大，防止导线受力弹跳、摆幅。斗内电工将绝缘斗调整至近边相绝缘支柱右侧位置，对近边相用导线遮蔽罩进行遮蔽。斗内电工将绝缘斗调整至近边相绝缘支柱位置，用绝缘毯对近边相支柱绝缘子遮蔽，斗内电工将绝缘斗调整至近边相横担位置，用绝缘毯对近边相横担严密遮蔽，且满足人体应保持对地不小于 0.4m 的安全距离。使用同样方法依次对远边相、中间相进行绝缘遮蔽。按照“先带电体后接地体”的遮蔽原则进行遮蔽。

（2）远边相横担处拆除驱鸟器，斗内电工将绝缘斗调整至远边相横担位置，斗内电工打开横担处绝缘遮蔽，将驱鸟器底部螺栓松开后拆除驱鸟器。

（3）近边相横担处拆除驱鸟器，斗内电工将绝缘斗调整至近边相横担位置，斗内电工打开横担处绝缘遮蔽，将驱鸟器底部螺栓松开后拆除驱鸟器。

（4）拆除驱鸟器应按照先远后近的顺序，也可视现场实际情况由近到远依次进行。

（5）工作结束后按照“从远到近、从上到下、先接地体后带电体”的原则拆除绝缘遮蔽。作业过程中保持人身对带电体有效安全距离 0.4m。斗内电工检查杆上无任何遗留物后，操作绝缘斗退出有电工作区域，作业人员返回地面。

4. 工作终结

（1）工作负责人组织工作人员清点工器具，并清理施工现场。

（2）工作负责人对完成的工作进行全面检查，符合验收规范要求后，记录在册并召开现场收工会，进行工作点评后，宣布工作结束。

（3）汇报值班调控人员工作已经结束，工作班撤离现场。

（五）安全措施及注意事项

1. 气象条件

带电作业应在良好天气下进行，作业前须进行风速和湿度测量，风力大于 5 级或湿度大于 80%时，不宜带电作业。若遇雷电、雪、雹、雨、雾等不良天气，禁止带电作业。带电作业过程中若遇天气突然变化，有可能危及人身及设备安全时，应立即停止工作，撤离人员，恢复设备正常状况，或采取临时安全措施。

2. 作业环境

如在车辆繁忙地段作业，应与交通管理部门联系以取得配合。

3. 安全距离及有效绝缘长度

（1）作业中，绝缘斗臂车绝缘臂的有效绝缘长度应不小于 1.0m。

（2）作业中，人体应保持对地不小于 0.4m；如不能确保该安全距离时，应采用绝缘遮蔽措施，遮蔽用具之间的重叠部分不得小于 150mm。

4. 重合闸

本项目需要停用线路重合闸。

（六）关键点

（1）一相作业完成后，应迅速对其恢复和保持绝缘遮蔽，然后再对另一相开展作业。

（2）对不规则带电部件和接地构件可采用绝缘毯进行遮蔽，但要注意夹紧固定。

（3）作业时，严禁人体同时接触不同的电位体；绝缘斗内双人工作时禁止两人接触不同电位体。

（七）其他安全注意事项

（1）作业前应进行现场勘察。

（2）斗臂车绝缘斗在有电工作区域转移时，应缓慢移动，动作要平稳；绝缘斗臂车作业时，发动机不能熄火（电能驱动型除外），以保证液压系统处于工作状态。

（3）在操作绝缘斗移动时，应防止与电杆、导线、周围障碍物、邻近绝缘斗臂车碰擦。

（4）作业线路下层有低压线路同杆并架时，如妨碍作业，应对作业范围内的相关低压线路采取绝缘遮蔽措施。

（5）根据导线损伤情况，由工作负责人决定是否采取防止作业过程中导线断线的安全措施。

（6）在同杆架设线路上工作，与上层线路小于安全距离规定且无法采取安全措施时，不得进行该项工作。

（7）上、下传递工具、材料时均应使用绝缘传递绳，严禁抛掷。

（8）作业过程中禁止摘下绝缘防护用具。

十七、加装驱鸟器（绝缘手套作业法）

（一）项目简介

本项目是带电作业人员利用绝缘手套接触高压带电体进行的作业，适用于 10kV 架空线路带电加装驱鸟器工作。

（二）人员分工

作业人员共 4 人：工作负责人（兼工作监护人）1 人；斗内电工 2 人；地面电工 1 人。

（三）工器具

主要工器具配备见表 2-17。

表 2-17　　主要工器具表

名称	单位	数量	名称	单位	数量
绝缘斗臂车	辆	1	绝缘测试仪（2500V 及以上）	套	1
安全帽	顶	2	验电器	套	1
绝缘安全帽	顶	2	风速仪	只	1
绝缘手套	副	2	温湿度仪	只	1
防穿刺手套	副	2	导线遮蔽罩		若干
绝缘披肩	副	2	绝缘毯		若干
绝缘鞋套	双	2	防潮毡布	块	2
双重保护绝缘安全带	副	2	清洁毛巾	条	2
绝缘手套检测器	只	1	待安装驱鸟器	只	2

（四）作业步骤

1. 工具储运和检测

（1）带电作业工器具在运输途中，应存放在专用工具袋、工具箱或专用工具车内，以防受潮和损伤，避免与金属材料、工具混放，不得与酸、碱、油类和化学药品接触。

（2）绝缘工器具在使用中受潮或表面损伤、脏污时，应及时处理并经试验合格后方可使用。使用、设置、拆除绝缘遮蔽用具时应戴清洁、干燥的绝缘手套，并应防止其在使用中脏污和受潮。

（3）领用绝缘工器具、安全用具及辅助器具，应核对工器具的使用电压等级和试验周期，并检查外观是否完好无损。

2. 现场操作前的准备

（1）工作负责人核对线路名称、杆号。

（2）工作负责人检查作业装置、现场环境是否符合作业条件。

（3）工作负责人应按配电带电作业工作票内容与值班调控人员联系，履行工作许可手续。

（4）绝缘斗臂车进入合适位置，并可靠接地，根据道路情况设置安全围栏、警告标志或路障。

（5）工作负责人召集工作人员交代工作任务，对工作班成员进行危险点告知，交代安全措施和技术措施，确认每一个工作班成员都已知晓，检查工作班成员精神状态是否良好，人员是否合适。

（6）整理材料，对安全用具、绝缘工具进行检查，对绝缘工具应使用绝缘检测仪进行分段绝缘检测，绝缘电阻值不低于700MΩ。查看绝缘臂、绝缘斗良好，调试斗臂车。

（7）斗内电工穿戴好绝缘防护用具，进入绝缘斗，挂好安全带保险钩。

（8）斗内电工将工作斗调整至带电作业区域横担下侧适当位置，使用验电器依次对导线、绝缘子、横担进行验电，确认无漏电现象。

3. 操作步骤

（1）斗内电工将绝缘斗调整至近边相绝缘支柱左侧位置，对近边相导线用导线遮蔽罩进行遮蔽，遮蔽过程中动作应平稳，不宜用力过大，防止导线受力弹跳、摆幅。斗内电工将绝缘斗调整至近边相绝缘支柱右侧位置，对近边相用导线遮蔽罩进行遮蔽。斗内电工将绝缘斗调整至近边相绝缘支柱位置，用绝缘毯对近边相支柱绝缘子遮蔽，斗内电工将绝缘斗调整至近边相横担位置，用绝缘毯对近边相横担严密遮蔽，且满足人体应保持对地不小于0.4m的安全距离。使用同样方法依次对远边相、中间相进行绝缘遮蔽。按照“先带电体后接地体”的遮蔽原则进行绝缘遮蔽。

（2）远边相横担处加装驱鸟器，斗内电工将绝缘斗调整到远边相需安装驱鸟器的横担处，斗内电工打开横担处绝缘遮蔽，将驱鸟器安装到横担上紧固螺栓。

（3）近边相横担处安装驱鸟器，斗内电工将绝缘斗调整到近边相需安装驱鸟器的横担处，斗内电工打开横担处绝缘遮蔽，将驱鸟器安装到横担上紧固螺栓。

（4）拆除绝缘遮蔽措施顺序，按照“从远到近、从上到下、先接地体后带电体”的原则拆除绝缘遮蔽。作业过程中保持人身对带电体有效安全距离 0.4m。斗内电工检查杆上无任何遗留物后，操作绝缘斗退出有电工作区域，作业人员返回地面。

4. 工作终结

（1）工作负责人组织工作人员清点工器具，并清理施工现场。

（2）工作负责人对完成的工作进行全面检查，符合验收规范要求后，记录在册并召开现场收工会，进行工作点评后，宣布工作结束。

（3）汇报值班调控人员工作已经结束，工作班撤离现场。

（五）安全措施及注意事项

1. 气象条件

带电作业应在良好天气下进行，作业前须进行风速和湿度测量，风力大于 5 级或湿度大于 80%时，不宜带电作业。若遇雷电、雪、雹、雨、雾等不良天气，禁止带电作业。带电作业过程中若遇天气突然变化，有可能危及人身及设备安全时，应立即停止工作，撤离人员，恢复设备正常状况，或采取临时安全措施。

2. 作业环境

如在车辆繁忙地段作业，应与交通管理部门联系以取得配合。

3. 安全距离及有效绝缘长度

（1）作业中，绝缘斗臂车绝缘臂的有效绝缘长度应不小于 1.0m。

（2）作业中，人体应保持对地不小于 0.4m；如不能确保该安全距离时，应采用绝缘遮蔽措施，遮蔽用具之间的重叠部分不得小于 150mm。

4. 重合闸

本项目需要停用线路重合闸。

（六）关键点

（1）一相作业完成后，应迅速对其恢复和保持绝缘遮蔽，然后再对另一相开展作业。

（2）对不规则带电部件和接地构件可采用绝缘毯进行遮蔽，但要注意夹紧固定。

（3）作业时，严禁人体同时接触不同的电位体；绝缘斗内双人工作时禁止两人接触不同电位体。

（七）其他安全注意事项

（1）作业前应进行现场勘察。

（2）斗臂车绝缘斗在有电工作区域转移时，应缓慢移动，动作要平稳；绝缘斗臂车作业时，发动机不能熄火（电能驱动型除外），以保证液压系统处于工作状态。

（3）在操作绝缘斗移动时，应防止与电杆、导线、周围障碍物、邻近绝缘斗臂车碰擦。

（4）作业线路下层有低压线路同杆并架时，如妨碍作业，应对作业范围内的相关低压线路采取绝缘遮蔽措施。

（5）根据导线损伤情况，由工作负责人决定是否采取防止作业过程中导线断线的安全措施。

（6）在同杆架设线路上工作，与上层线路小于安全距离规定且无法采取安全措施时，不得进行该项工作。

（7）上、下传递工具、材料时均应使用绝缘传递绳，严禁抛掷。

（8）作业过程中禁止摘下绝缘防护用具。

十八、清除异物（绝缘手套作业法）

（一）项目简介

本项目是带电作业人员利用绝缘手套接触高压带电体进行的作业，适用于 10kV 架空线路带电清除异物工作。

（二）人员分工

作业人员共 4 人：工作负责人（兼工作监护人）1 人；斗内电工 2 人；地面电工 1 人。

（三）工器具

主要工器具配备见表 2-18。

表 2-18　　主要工器具表

名称	单位	数量	名称	单位	数量
绝缘斗臂车	辆	1	绝缘测试仪（2500V 及以上）	套	1
安全帽	顶	2	验电器	套	1
绝缘安全帽	顶	2	风速仪	只	1
绝缘手套	副	2	温湿度仪	只	1
防穿刺手套	副	2	绝缘传递绳	根	1
绝缘披肩	副	2	绝缘毯		若干
绝缘鞋套	双	2	导线遮蔽罩		若干
双重保护绝缘安全带	副	2	防潮毡布	块	2
绝缘手套检测器	只	1	清洁毛巾	条	2

（四）作业步骤

1. 工具储运和检测

（1）带电作业工器具在运输途中，应存放在专用工具袋、工具箱或专用工具车内，以防受潮和损伤，避免与金属材料、工具混放，不得与酸、碱、油类和化学药品接触。

（2）绝缘工器具在使用中受潮或表面损伤、脏污时，应及时处理并经试验合格后方可使用。使用、设置、拆除绝缘遮蔽用具时应戴清洁、干燥的绝缘手套，并应防止其在使用中脏污和受潮。

（3）领用绝缘工器具、安全用具及辅助器具，应核对工器具的使用电压等级和试验周期，并检查外观是否完好无损。

2．现场操作前的准备

（1）工作负责人核对线路名称、杆号。

（2）工作负责人检查作业装置、现场环境是否符合作业条件。

（3）工作负责人应按配电带电作业工作票内容与值班调控人员联系，履行工作许可手续。

（4）绝缘斗臂车进入合适位置，并可靠接地，根据道路情况设置安全围栏、警告标志或路障。

（5）工作负责人召集工作人员交代工作任务，对工作班成员进行危险点告知，交代安全措施和技术措施，确认每一个工作班成员都已知晓，检查工作班成员精神状态是否良好，人员是否合适。

（6）整理材料，对安全用具、绝缘工具进行检查，对绝缘工具应使用绝缘检测仪进行分段绝缘检测，绝缘电阻值不低于700MΩ。查看绝缘臂、绝缘斗是否良好，调试斗臂车。

（7）斗内电工穿戴好绝缘防护用具，进入绝缘斗，挂好安全带保险钩。

（8）斗内电工将工作斗调整至带电作业区域横担下侧适当位置，使用验电器依次对导线、绝缘子、横担进行验电，确认无漏电现象。

3．操作步骤

（1）斗内电工将绝缘斗调整至近边相导线外侧位置，用导线遮蔽罩对近边相导线遮蔽，且满足人身对带电体有效安全距离0.4m，遮蔽过程中，不宜用力过大，防止导线受力弹跳、摆幅。按照“从近到远、从下到上、先带电体后接地体”的遮蔽原则对作业范围内的所有带电体和接地体进行绝缘遮蔽。使用同样方法依次对远边相、中间相绝缘遮蔽。

（2）斗内电工将绝缘斗调整至导线异物下方位置，斗内电工清除异物时，需站在上风侧，应采取措施防止异物落下伤人等。

（3）斗内电工利用绝缘绳将异物传递至地面，地面电工负责配合。

（4）工作结束后，按照“从远到近、从下到上、先接地体后带电体”的原则拆除绝缘遮蔽措施，斗内电工检查杆上无任何遗留物后，操作绝缘斗退出有电工作区域，作业人员返回地面。

4．工作终结

（1）工作负责人组织工作人员清点工器具，并清理施工现场。

（2）工作负责人对完成的工作进行全面检查，符合验收规范要求后，记录在册并召开现场收工会，进行工作点评后，宣布工作结束。

（3）汇报值班调控人员工作已经结束，工作班撤离现场。

（五）安全措施及注意事项

1. 气象条件

带电作业应在良好天气下进行，作业前须进行风速和湿度测量，风力大于5级或湿度大于80%时，不宜带电作业。若遇雷电、雪、雹、雨、雾等不良天气，禁止带电作业。带电作业过程中若遇天气突然变化，有可能危及人身及设备安全时，应立即停止工作，撤离人员，恢复设备正常状况，或采取临时安全措施。

2. 作业环境

如在车辆繁忙地段作业，应与交通管理部门联系以取得配合。

3. 安全距离及有效绝缘长度

（1）作业中，绝缘斗臂车绝缘臂的有效绝缘长度应不小于1.0m。

（2）作业中，人体应保持对地不小于0.4m；如不能确保该安全距离时，应采用绝缘遮蔽措施，遮蔽用具之间的重叠部分不得小于150mm。

4. 重合闸

本项目一般无需停用线路重合闸。

（六）关键点

（1）一相作业完成后，应迅速对其恢复和保持绝缘遮蔽，然后再对另一相开展作业。

（2）对不规则带电部件和接地构件可采用绝缘毯进行遮蔽，但要注意夹紧固定。

（3）作业时，严禁人体同时接触不同的电位体；绝缘斗内双人工作时禁止两人接触不同电位体。

（七）其他安全注意事项

（1）作业前应进行现场勘察。

（2）斗臂车绝缘斗在有电工作区域转移时，应缓慢移动，动作要平稳；绝缘斗臂车作业时，发动机不能熄火（电能驱动型除外），以保证液压系统处于工作状态。

（3）在操作绝缘斗移动时，应防止与电杆、导线、周围障碍物、邻近绝缘斗臂车碰擦。

（4）作业线路下层有低压线路同杆并架时，如妨碍作业，应对作业范围内的相关低压线路采取绝缘遮蔽措施。

（5）根据导线损伤情况，由工作负责人决定是否采取防止作业过程中导线断线的安全措施。

（6）在同杆架设线路上工作，与上层线路小于安全距离规定且无法采取安全措施时，不得进行该项工作。

（7）上、下传递工具、材料时均应使用绝缘传递绳，严禁抛掷。

（8）作业过程中禁止摘下绝缘防护用具。

十九、拆除非承力拉线（绝缘手套作业法）

（一）项目简介

本项目是带电作业人员利用绝缘手套接触高压带电体进行的作业，适用于 10kV 架空线路带电拆除非承力拉线工作。

（二）人员分工

作业人员共 4 人：工作负责人（兼工作监护人）1 人；斗内电工 2 人；地面电工 1 人。

（三）工器具

主要工器具配备见表 2-19。

表 2-19　　主要工器具表

名称	单位	数量	名称	单位	数量
绝缘斗臂车	辆	1	风速仪	只	1
安全帽	顶	2	温湿度仪	只	1
绝缘安全帽	顶	2	绝缘传递绳	根	1
绝缘手套	副	2	绝缘毯		若干
防穿刺手套	副	2	导线遮蔽罩		若干
绝缘披肩	副	2	紧线器	个	1
绝缘鞋套	双	2	卡线器	个	1
绝缘手套检测器	只	1	绝缘垫	块	1
双重保护绝缘安全带	副	2	防潮毡布	块	2
绝缘测试仪（2500V 及以上）	套	1	清洁毛巾	块	2
验电器	套	1			

（四）作业步骤

1. 工具储运和检测

（1）带电作业工器具在运输途中，应存放在专用工具袋、工具箱或专用工具车内，以防受潮和损伤，避免与金属材料、工具混放，不得与酸、碱、油类和化学药品接触。

（2）绝缘工器具在使用中受潮或表面损伤、脏污时，应及时处理并经试验合格后方可使用。使用、设置、拆除绝缘遮蔽用具时应戴清洁、干燥的绝缘手套，并应防止其在使用中脏污和受潮。

（3）领用绝缘工器具、安全用具及辅助器具，应核对工器具的使用电压等级和试验周期，并检查外观是否完好无损。

2. 现场操作前的准备

（1）工作负责人核对线路名称、杆号。

（2）工作负责人检查作业装置、现场环境是否符合作业条件。

（3）工作负责人应按配电带电作业工作票内容与值班调控人员联系，履行工作许可手续。

（4）绝缘斗臂车进入合适位置，并可靠接地，根据道路情况设置安全围栏、警告标志或路障。

（5）工作负责人召集工作人员交代工作任务，对工作班成员进行危险点告知，交代安全措施和技术措施，确认每一个工作班成员都已知晓，检查工作班成员精神状态是否良好，人员是否合适。

（6）整理材料，对安全用具、绝缘工具进行检查，对绝缘工具应使用绝缘检测仪进行分段绝缘检测，绝缘电阻值不低于700MΩ。检查绝缘臂、绝缘斗是否良好，调试斗臂车。

（7）斗内电工穿戴好绝缘防护用具，进入绝缘斗，挂好安全带保险钩。

（8）斗内电工将工作斗调整至带电作业区域横担下侧适当位置，使用验电器依次对导线、绝缘子、横担进行验电，确认无漏电现象。

3. 操作步骤

（1）斗内电工将绝缘斗调整至近边相外侧位置，近边相导线用导线遮蔽罩遮蔽，近边相绝缘子遮蔽，横担遮蔽，作业过程中保持人身对带电体有效安全距离0.4m。遮蔽过程中，动作应平稳，不宜用力过大，防止导线受力弹跳、摆幅。同样方法依次对远边相、中间相进行绝缘遮蔽。按照“从近到远、从下到上、先带电体后接地体”的遮蔽原则对作业范围内的所有带电体和接地体进行绝缘遮蔽。

（2）杆塔下方施工配合人员穿戴好个人防护用具站在绝缘垫上，将卡线器固定在拉线合适位置，连接紧线器，紧线器另一侧与拉线棍连接，使用紧线器收紧拉线。

（3）确认拉线不受力后，松掉下楔形线夹螺栓后拆除其与拉线棍的连接，缓慢放松紧线器。

（4）斗内电工操作工作斗至杆上拆除非承力工作位置，打开拉线抱箍与楔形线夹连接处的绝缘遮蔽。斗内电工拆除拉线抱箍与上楔形线夹的连接后立即恢复拉线抱箍遮蔽。

（5）斗内电工使用绝缘传递绳将拉线传递至地面，传递拉线时地面电工用绝缘绳控制拉线方向，防止摆动，斗内电工拆除拉线抱箍。

（6）工作结束后按照“从远到近、从上到下、先接地体后带电体”的原则拆除杆上绝缘遮蔽隔离措施。斗内电工检查杆上无任何遗留物后，绝缘斗退出有电工作区域，作业人员返回地面。

4. 工作终结

（1）工作负责人组织工作人员清点工器具，并清理施工现场。

（2）工作负责人对完成的工作进行全面检查，符合验收规范要求后，记录在册并召开现场收工会，进行工作点评后，宣布工作结束。

（3）汇报值班调控人员工作已经结束，工作班撤离现场。

（五）安全措施及注意事项

1. 气象条件

带电作业应在良好天气下进行，作业前须进行风速和湿度测量，风力大于5级或湿度大于80%时，不宜带电作业。若遇雷电、雪、雹、雨、雾等不良天气，禁止带电作业。带电作业过程中若遇天气突然变化，有可能危及人身及设备安全时，应立即停止工作，撤离人员，恢复设备正常状况，或采取临时安全措施。

2. 作业环境

如在车辆繁忙地段作业，应与交通管理部门联系以取得配合。

3. 安全距离及有效绝缘长度

（1）作业中，绝缘斗臂车绝缘臂的有效绝缘长度应不小于1.0m。

（2）作业中，人体应保持对地不小于0.4m；如不能确保该安全距离时，应采用绝缘遮蔽措施，遮蔽用具之间的重叠部分不得小于150mm。

4. 重合闸

本项目一般无需停用线路重合闸。

（六）关键点

（1）一相作业完成后，应迅速对其恢复和保持绝缘遮蔽，然后再对另一相开展作业。

（2）对不规则带电部件和接地构件可采用绝缘毯进行遮蔽，但要注意夹紧固定。

（3）作业时，严禁人体同时接触不同的电位体；绝缘斗内双人工作时禁止两人接触不同电位体。

（七）其他安全注意事项

（1）作业前应进行现场勘察。

（2）斗臂车绝缘斗在有电工作区域转移时，应缓慢移动，动作要平稳；绝缘斗臂车作业时，发动机不能熄火（电能驱动型除外），以保证液压系统处于工作状态。

（3）在操作绝缘斗移动时，应防止与电杆、导线、周围障碍物、邻近绝缘斗臂车碰擦。

（4）作业线路下层有低压线路同杆并架时，如妨碍作业，应对作业范围内的相关低压线路采取绝缘遮蔽措施。

（5）根据导线损伤情况，由工作负责人决定是否采取防止作业过程中导线断线的安全措施。

（6）在同杆架设线路上工作，与上层线路小于安全距离规定且无法采取安全措施时，不得进行该项工作。

（7）上、下传递工具、材料时均应使用绝缘传递绳，严禁抛掷。

（8）作业过程中禁止摘下绝缘防护用具。

二十、拆除退役设备（绝缘手套作业法）

（一）项目简介

本项目是带电作业人员利用绝缘手套接触高压带电体进行的作业，适用于 10kV 架空线路带电拆除退役设备工作。

（二）人员分工

作业人员共 4 人：工作负责人（兼工作监护人）1 人；斗内电工 2 人；地面电工 1 人。

（三）工器具

主要工器具配备见表 2-20。

表 2-20　主要工器具表

名称	单位	数量	名称	单位	数量
绝缘斗臂车	辆	1	绝缘测试仪（2500V 及以上）	套	1
安全帽	顶	2	验电器	套	1
绝缘安全帽	顶	2	风速仪	只	1
绝缘手套	副	2	温湿度仪	只	1
防穿刺手套	副	2	绝缘传递绳	根	1
绝缘披肩	副	2	绝缘毯		若干
绝缘鞋套	双	2	导线遮蔽罩		若干
双重保护绝缘安全带	副	2	防潮毡布	块	2
绝缘手套检测器	只	1	清洁毛巾	条	2

（四）作业步骤

1. 工具储运和检测

（1）带电作业工器具在运输途中，应存放在专用工具袋、工具箱或专用工具车内，以防受潮和损伤，避免与金属材料、工具混放，不得与酸、碱、油类和化学药品接触。

（2）绝缘工器具在使用中受潮或表面损伤、脏污时，应及时处理并经试验合格后方可使用。使用、设置、拆除绝缘遮蔽用具时应戴清洁、干燥的绝缘手套，并应防止其在使用中脏污和受潮。

（3）领用绝缘工器具、安全用具及辅助器具，应核对工器具的使用电压等级和试验周期，并检查外观是否完好无损。

2. 现场操作前的准备

（1）工作负责人核对线路名称、杆号。

（2）工作负责人检查作业装置、现场环境是否符合作业条件。

（3）工作负责人应按配电带电作业工作票内容与值班调控人员联系，履行工作许可手续。

（4）绝缘斗臂车进入合适位置，并可靠接地，根据道路情况设置安全围栏、警告标志或路障。

（5）工作负责人召集工作人员交代工作任务，对工作班成员进行危险点告知，交代安全措施和技术措施，确认每一个工作班成员都已知晓，检查工作班成员精神状态是否良好，人员是否合适。

（6）整理材料，对安全用具、绝缘工具进行检查，对绝缘工具应使用绝缘检测仪进行分段绝缘检测，绝缘电阻值不低于700MΩ。查看绝缘臂、绝缘斗是否良好，调试斗臂车。

（7）斗内电工穿戴好绝缘防护用具，进入绝缘斗，挂好安全带保险钩。

（8）斗内电工将工作斗调整至带电作业区域横担下侧适当位置，使用验电器依次对导线、绝缘子、横担进行验电，确认无漏电现象。

3. 操作步骤

（1）斗内电工将绝缘斗调整至近边相导线外侧位置，近边相导线绝缘遮蔽，近边相绝缘支柱用绝缘遮蔽，近边相横担绝缘遮蔽，满足人身对带电体有效安全距离0.4m，遮蔽过程中，动作应平稳，不宜用力过大，防止导线受力弹跳、摆幅。同样方法依次对远边相、中间相绝缘遮蔽。按照“从近到远、从下到上、先带电体后接地体”的遮蔽原则对作业范围内的所有带电体和接地体进行绝缘遮蔽。

（2）斗内电工将绝缘斗调整至退役设备位置，将退役设备系牢（现场根据实际退役设备体积大小选择吊装工具），斗内电工拆除退役设备时，应采取措施防止异物落下伤人等，斗内电工拆除退役设备。

（3）地面电工配合将退役设备放至地面。

（4）工作结束后按照“从远到近、从上到下、先接地体后带电体”的原则拆除绝缘遮蔽隔离措施。斗内电工检查杆上无任何遗留物后，操作绝缘斗退出有电工作区域，作业人员返回地面。

4. 工作终结

（1）工作负责人组织工作人员清点工器具，并清理施工现场。

（2）工作负责人对完成的工作进行全面检查，符合验收规范要求后，记录在册并召开现场收工会，进行工作点评后，宣布工作结束。

（3）汇报值班调控人员工作已经结束，工作班撤离现场。

（五）安全措施及注意事项

1. 气象条件

带电作业应在良好天气下进行，作业前须进行风速和湿度测量，风力大于5级或湿度大于80%时，不宜带电作业。若遇雷电、雪、雹、雨、雾等不良天气，禁止带电作业。带电作业过程中若遇天气突然变化，有可能危及人身及设备安全时，应立即停止工作撤离人员，恢复设备正常状况，或采取临时安全措施。

2. 作业环境

如在车辆繁忙地段作业，应与交通管理部门联系以取得配合。

3. 安全距离及有效绝缘长度

（1）作业中，绝缘斗臂车绝缘臂的有效绝缘长度应不小于 1.0m。

（2）作业中，人体应保持对地不小于 0.4m；如不能确保该安全距离时，应采用绝缘遮蔽措施，遮蔽用具之间的重叠部分不得小于 150mm。

4. 重合闸

本项目一般无需停用线路重合闸。

（六）关键点

（1）一相作业完成后，应迅速对其恢复和保持绝缘遮蔽，然后再对另一相开展作业。

（2）对不规则带电部件和接地构件可采用绝缘毯进行遮蔽，但要注意夹紧固定。

（3）作业时，严禁人体同时接触不同的电位体；绝缘斗内双人工作时禁止两人接触不同电位体。

（七）其他安全注意事项

（1）作业前应进行现场勘察。

（2）斗臂车绝缘斗在有电工作区域转移时，应缓慢移动，动作要平稳；绝缘斗臂车作业时，发动机不能熄火（电能驱动型除外），以保证液压系统处于工作状态。

（3）在操作绝缘斗移动时，应防止与电杆、导线、周围障碍物、邻近绝缘斗臂车碰擦。

（4）作业线路下层有低压线路同杆并架时，如妨碍作业，应对作业范围内的相关低压线路采取绝缘遮蔽措施。

（5）根据导线损伤情况，由工作负责人决定是否采取防止作业过程中导线断线的安全措施。

（6）在同杆架设线路上工作，与上层线路小于安全距离规定且无法采取安全措施时，不得进行该项工作。

（7）上、下传递工具、材料时均应使用绝缘传递绳，严禁抛掷。

（8）作业过程中禁止摘下绝缘防护用具。

二十一、处理绝缘导线异响（绝缘手套作业法）

（一）项目简介

本项目是带电作业人员利用绝缘手套接触高压带电体进行的作业，适用于 10kV 架空线路带电处理绝缘导线异响工作。

（二）人员分工

本项目需 4 人：工作负责人（兼工作监护人）1 人；斗内电工 2 人；地面电工 1 人。

（三）工器具

主要工器具配备见表2-21。

表2-21　　主要工器具表

名称	单位	数量	名称	单位	数量
绝缘斗臂车	辆	1	温湿度仪	只	1
安全帽	顶	2	测温仪	只	1
绝缘安全帽	顶	2	导线遮蔽罩		若干
绝缘手套	副	2	绝缘毯		若干
防穿刺手套	副	2	绝缘千斤	根	1
绝缘披肩	副	2	绝缘绳	根	1
绝缘鞋套	双	2	后背保护绳	条	1
双重保护绝缘安全带	副	2	绝缘紧线器	只	1
绝缘手套检测器	只	1	卡线器	只	1
绝缘测试仪（2500V及以上）	套	1	防潮毡布	块	2
验电器	套	1	清洁毛巾	条	2
风速仪	只	1			

（四）作业步骤

1. 工具储运和检测

（1）带电作业工器具在运输途中，应存放在专用工具袋、工具箱或专用工具车内，以防受潮和损伤，避免与金属材料、工具混放，不得与酸、碱、油类和化学药品接触。

（2）绝缘工器具在使用中受潮或表面损伤、脏污时，应及时处理并经试验合格后方可使用。使用、设置、拆除绝缘遮蔽用具时应戴清洁、干燥的绝缘手套，并应防止其在使用中脏污和受潮。

（3）领用绝缘工器具、安全用具及辅助器具，应核对工器具的使用电压等级和试验周期，并检查外观是否完好无损。

2. 现场操作前的准备

（1）工作负责人核对线路名称、杆号。

（2）工作负责人检查作业装置、现场环境是否符合作业条件。

（3）工作负责人应按配电带电作业工作票内容与值班调控人员联系，履行工作许可手续。

（4）绝缘斗臂车进入合适位置，并可靠接地，根据道路情况设置安全围栏、警告标志或路障。

（5）工作负责人召集工作人员交代工作任务，对工作班成员进行危险点告知，交代安全措施和技术措施，确认每一个工作班成员都已知晓，检查工作班成员精神状态是否良好，人员是否合适。

（6）整理材料，对安全用具、绝缘工具进行检查，对绝缘工具应使用绝缘检测仪进行分段绝缘检测，绝缘电阻值不低于700MΩ。查看绝缘臂、绝缘斗是否良好，调试斗臂车。

（7）斗内电工穿戴好绝缘防护用具，进入绝缘斗，挂好安全带保险钩。

（8）斗内电工将工作斗调整至带电作业区域横担下侧适当位置，使用验电器依次对导线、绝缘子、横担进行验电，确认无漏电现象。

3. 操作步骤

处理导线异响包括四种情况。

（1）绝缘导线对耐张线夹放电异响。

1）斗内电工将绝缘斗调整到放电异响位置，判断放电异响位置，对线路中的导线、耐张绝缘子、横担等进行验电；若检测出耐张绝缘子带电，则应在缺陷电杆电源侧寻找可断、接引流线处，进行带电断引流线作业，再对此缺陷杆进行停电处理；若检测出悬式绝缘子不带电，耐张线夹带电，斗内电工将耳朵贴在绝缘杆另一端，根据异响强弱判定缺陷具体位置，并向工作负责人汇报。

2）斗内电工将绝缘斗调整至近边相导线外侧放电位置，近边相导线用导线遮蔽罩进行遮蔽，近边相耐张绝缘子串用绝缘毯遮蔽，近边相横担用绝缘毯遮蔽。作业过程中满足人身对带电体有效安全距离0.4m，遮蔽过程中，不宜用力过大，防止导线受力弹跳、摆幅。使用同样方法依次对远边相、中间相做绝缘遮蔽。按照“从近到远、从下到上、先带电体后接地体”的原则对作业范围内的所有带电体和接地体进行绝缘遮蔽。

3）近边相处理导线放电，只需对近边相做绝缘遮蔽，斗内电工将绝缘斗调整到近边相导线外侧位置，斗内电工打开绝缘遮蔽，将绝缘绳套安装在耐张横担上，安装绝缘紧线器，收紧导线，安装防止跑线的后备保护绳后迅速恢复遮蔽，斗内电工打开放电导线处绝缘遮蔽，观察导线受损情况，使用绝缘自粘带或3M包材对导线绝缘破损缺陷部位进行包缠，使导线恢复绝缘性能。斗内电工将恢复绝缘性能的导线与耐张线夹可靠固定，并检查确认导线对耐张线夹无放电异响后，拆除绝缘紧线器、卡头、后备保护绳，恢复近边相遮蔽。

4）远边相处理导线放电，只需对远边相做绝缘遮蔽，斗内电工将绝缘斗调整到远边相导线外侧位置，斗内电工打开绝缘遮蔽，将绝缘绳套安装在耐张横担上，安装绝缘紧线器，收紧导线，安装防止跑线的后备保护绳后迅速恢复遮蔽，斗内电工打开放电导线处绝缘遮蔽，观察导线受损情况，使用绝缘自粘带或3M包材对导线绝缘破损缺陷部位进行包缠，使导线恢复绝缘性能。斗内电工将恢复绝缘性能的导线与耐张线夹可靠固定，并检查确认导线对耐张线夹无放电异响后，拆除绝缘紧线器、卡头、后备保护绳，恢复近边相遮蔽。

5）中间相处理导线放电，按步骤 2）依次对近边相、远边相、中间相做绝缘遮蔽，斗内电工将绝缘斗调整到中间相合适位置，斗内电工打开绝缘遮蔽，将绝缘绳套安装在耐张横担上，安装绝缘紧线器，收紧导线，安装防止跑线的后备保护绳后迅速恢复遮蔽，斗内电工打开放电导线处绝缘遮蔽，观察导线受损情况，使用绝缘自粘带或 3M 包材对导线绝缘破损缺陷部位进行包缠，使导线恢复绝缘性能。斗内电工将恢复绝缘性能的导线与耐张线夹可靠固定，并检查确认导线对耐张线夹无放电异响后，拆除绝缘紧线器、卡头、后备保护绳，恢复近边相遮蔽。

6）拆除绝缘遮蔽措施顺序，先拆除远中相遮蔽，再拆除远边相遮蔽，最后拆除近边相遮蔽，按照“从远到近、从上到下、先接地体后带电体”的原则拆除绝缘遮蔽隔离措施。斗内电工检查杆上无任何遗留物后，操作绝缘斗退出有电工作区域，作业人员返回地面。

（2）绝缘导线对柱式绝缘子放电异响。

1）斗内电工将绝缘斗调整到放电异响位置，判断放电异响位置，对线路中的柱式绝缘子、横担等进行验电；若检测出柱式绝缘子带电，则应在缺陷电杆电源侧寻找可断、接引流线处，进行带电断引流线作业，再对此缺陷杆进行停电处理；若检测出柱式绝缘子不带电，根据异响强弱判定缺陷具体位置，并向工作负责人汇报。

2）斗内电工将绝缘斗调整至近边相外侧放电位置，对近边相导线用导线遮蔽罩进行遮蔽，近边相绝缘子用绝缘毯遮蔽，近边相横担用绝缘毯遮蔽。满足人身对带电体有效安全距离 0.4m，遮蔽过程中，动作应平稳，不宜用力过大，防止导线受力弹跳、摆幅。依次对远边相、中间相做绝缘遮蔽。按照“从近到远、从下到上、先带电体后接地体”的原则对作业范围内的所有带电体和接地体进行绝缘遮蔽。

3）近边相处理导线对柱式绝缘子放电，只需对近边相进行绝缘遮蔽，斗内电工将绝缘斗调整到近边相外侧位置，斗内电工将近边相导线遮蔽罩旋转开口朝上，用绝缘千斤兜住导线遮蔽罩，使用斗臂车上小吊吊住绝缘千斤并确认可靠；取下绝缘子遮蔽，拆除绝缘子绑扎线后，操作绝缘小吊臂起吊导线脱离柱式绝缘子至 0.4m 的安全距离以外，拆除扎线过程中，扎线展放长度应小于 0.1m 的安全距离，边放边收，防止因为扎线展放过长完成相间短路或接地；斗内电工利用绝缘自粘带或 3M 包材对导线绝缘破损部分进行包缠，使导线恢复绝缘性能；斗内电工操作绝缘小吊臂，将恢复绝缘性能的导线降落至绝缘子顶部线槽内可靠固定，并检查确认导线对柱式绝缘子无放电异响，拆除绝缘千斤，恢复绝缘遮蔽。

4）远边相处理导线对柱式绝缘子放电，只需对远边相进行绝缘遮蔽，斗内电工将绝缘斗调整到远边相绝缘子外侧位置，斗内电工将远边相导线遮蔽罩旋转开口朝上，用绝缘千斤兜住导线遮蔽罩，使用斗臂车上小吊吊住绝缘千斤并确认可靠；取下绝缘子遮蔽，拆除绝缘子绑扎线后，操作绝缘小吊臂起吊导线脱离柱式绝缘子至 0.4m 的安全距离以外，拆除扎线过程中，扎线展放长度应小于 0.1m 的安全距离，边放边收，防止因为扎线展放过长完成相间短路或接地；斗内电工利用绝缘自粘带或3M包材对导线绝缘破损部分进行包缠，使导线恢复绝缘性能；斗内电工操作绝缘小吊臂，将恢复绝缘性能的导线降落至绝缘子顶部线槽内可靠固定，并检查确认导线对柱式绝缘子无放电异响，拆除绝缘千斤，恢复绝缘遮蔽。

5）中间相处理导线对柱式绝缘子放电，按步骤2）依次对近边相、远边相和中间相进行遮蔽，斗内电工将绝缘斗调整到中间相合适位置，斗内电工将中间相导线遮蔽罩旋转开口朝上，用绝缘千斤兜住导线遮蔽罩，使用斗臂车上小吊吊住绝缘千斤并确认可靠；取下绝缘子遮蔽，拆除绝缘子绑扎线后，操作绝缘小吊臂起吊导线脱离柱式绝缘子至0.4m的安全距离以外，拆除扎线过程中，扎线展放长度应小于0.1m的安全距离，边放边收，防止因为扎线展放过长完成相间短路或接地；斗内电工利用绝缘自粘带或3M包材对导线绝缘破损部分进行包缠，使导线恢复绝缘性能；斗内电工操作绝缘小吊臂，将恢复绝缘性能的导线降落至绝缘子顶部线槽内可靠固定，并检查确认导线对柱式绝缘子无放电异响，拆除绝缘千斤，恢复绝缘遮蔽。

6）拆除绝缘遮蔽措施顺序为先拆除远中相遮蔽，再拆除远边相遮蔽，最后拆除近边相遮蔽，按照“从远到近、从上到下、先接地体后带电体”的原则拆除绝缘遮蔽隔离措施。斗内电工检查杆上无任何遗留物后，操作绝缘斗退出有电工作区域，作业人员返回地面。

（3）隔离开关引线端子处。

1）斗内电工将绝缘斗调整到放电异响位置，观察连接点是否有较为明显的烧灼痕迹，结合测温仪，综合判断缺陷具体情况及位置，并向现场工作负责人汇报；由现场工作负责人联系运维操作人员使用绝缘操作杆拉开隔离开关，并确认隔离开关在分位。

2）斗内电工将绝缘斗调整至近边相导线外侧放电位置，近边相导线用导线遮蔽罩进行遮蔽，近边相引流线用导线软管遮蔽。作业过程中满足人身对带电体有效安全距离0.4m、对邻相导线不小于0.6m的安全距离，遮蔽过程中，动作应平稳，不宜用力过大，防止导线受力弹跳、摆幅。同样方法依次对远边相、中间相做绝缘遮蔽。按照“从近到远、从下到上、先带电体后接地体”的原则对作业范围内的所有带电体和接地体进行绝缘遮蔽。

3）近边相处理端子处放电，只需对近边相进行绝缘遮蔽，斗内电工将工作斗移动至近边相隔离开关侧面，打开近边相隔离开关引流线与主导线连接点的绝缘遮蔽，拆除引流线与主导线的连接并将引流线可靠固定在同相导线后，迅速恢复绝缘遮蔽；斗内电工打开缺陷点紧固螺栓，根据缺陷点烧灼实际情况，对应采取紧固螺栓、更换本相引流线或隔离开关工作并恢复绝缘遮蔽；斗内电工将隔离开关引流线与主导线搭接好后，连接牢固。检查确认缺陷已消除，对导线搭接点进行绝缘密封后并迅速恢复遮蔽。

4）远边相处理端子处放电，只需对远边相进行绝缘遮蔽，斗内电工将工作斗移动至远边相隔离开关侧面，打开近边相隔离开关引流线与主导线连接点的绝缘遮蔽，拆除引流线与主导线的连接并将引流线可靠固定在同相导线后，迅速恢复绝缘遮蔽；斗内电工打开缺陷点紧固螺栓，根据缺陷点烧灼实际情况，对应采取紧固螺栓、更换本相引流线或隔离开关工作并恢复绝缘遮蔽；斗内电工将隔离开关引流线与主导线搭接好后，连接牢固。检查确认缺陷已消除，对导线搭接点进行绝缘密封后并迅速恢复遮蔽。

5）中间相处理端子处放电，按步骤2）依次对近边相、远边相、中间相进行遮蔽，斗内电工将工作斗移动至中间相隔离开关侧，打开近边相隔离开关引流线与主导线连接点的绝缘遮蔽，拆除引流线与主导线的连接并将引流线可靠固定在同相导线后，迅速恢复绝缘遮蔽；斗内电工打开缺陷点紧固螺栓，根据缺陷点烧灼实际情况，对应采取紧固螺栓、更换本相引流线或隔离开关工作并恢复绝缘遮蔽；斗内电工将隔离开关引流线与主导线搭接好后，连接牢固。检查确认缺陷已消除，对导线搭接点进行绝缘密封后并迅速恢复遮蔽。

6）拆除绝缘遮蔽措施顺序为先拆除远中相遮蔽，再拆除远边相遮蔽，最后拆除近边相遮蔽，按照“从远到近、从上到下、先接地体后带电体”的原则拆除绝缘遮蔽隔离措施。斗内电工检查杆上无任何遗留物后，操作绝缘斗退出有电工作区域，作业人员返回地面。

（4）处理引流线线夹连接点不良引发异响缺陷。

1）观察连接点是否有较为明显的烧灼痕迹，结合测温仪，综合判断缺陷情况及具体位置，向现场工作负责人汇报。由现场工作负责人联系运维人员断开引流线下方所带全部负荷，并确认负荷已断开。

2）斗内电工将绝缘斗调整至近边相导线外侧放电位置，对近边相导线用导线遮蔽罩进行遮蔽，且满足人身对带电体有效安全距离0.4m，遮蔽过程中，不宜用力过大，防止导线受力弹跳、摆幅。同样方法依次对远边相、中间相做绝缘遮蔽，按照“从近到远、从下到上、先带电体后接地体”的原则对作业范围内的所有带电体和接地体进行绝缘遮蔽。

3）近边相处理线夹处放电，只需对近边相进行绝缘遮蔽，斗内电工移动工作斗至近边相外侧，打开近边相引流线与主导线连接点的绝缘遮蔽，拆除引流线与主导线的连接并将引流线可靠固定；分别检查连接点两侧导线连接面烧灼情况，根据实际缺陷情况进行处理，使用新的线夹重新进行引流线与主导线的搭接工作，检查确认缺陷已消除，对导线搭接点进行绝缘密封后并迅速恢复遮蔽。

4）远边相处理线夹处放电，只需对远边相进行绝缘遮蔽，斗内电工移动工作斗至远边相外侧，打开远边相引流线与主导线连接点的绝缘遮蔽，拆除引流线与主导线的连接并将引流线可靠固定；分别检查连接点两侧导线连接面烧灼情况，根据实际缺陷情况进行处理，使用新的线夹重新进行引流线与主导线的搭接工作，检查确认缺陷已消除，对导线搭接点进行绝缘密封后并迅速恢复遮蔽。

5）中间相处理线夹处放电，按步骤2）对近边相、远边相和中相进行遮蔽，斗内电工移动工作斗至中间相下侧，打开中间相引流线与主导线连接点的绝缘遮蔽，拆除引流线与主导线的连接并将引流线可靠固定；分别检查连接点两侧导线连接面烧灼情况，根据实际缺陷情况进行处理，使用新的线夹重新进行引流线与主导线的搭接工作，检查确认缺陷已消除，对导线搭接点进行绝缘密封后并迅速恢复遮蔽。

6）拆除绝缘遮蔽措施顺序为先拆除远中相遮蔽，再拆除远边相遮蔽，最后拆除近边相遮蔽，按照“从远到近、从上到下、先接地体后带电体”的原则拆除绝缘遮蔽隔离措施。斗内电工检查杆上无任何遗留物后，操作绝缘斗退出有电工作区域，作业人员返回地面。

4. 工作终结

（1）工作负责人组织工作人员清点工器具，并清理施工现场。

（2）工作负责人对完成的工作进行全面检查，符合验收规范要求后，记录在册并召开现场收工会，进行工作点评后，宣布工作结束。

（3）汇报值班调控人员工作已经结束，工作班撤离现场。

（五）安全措施及注意事项

1. 气象条件

带电作业应在良好天气下进行，作业前须进行风速和湿度测量，风力大于5级或湿度大于80%时，不宜带电作业。若遇雷电、雪、雹、雨、雾等不良天气，禁止带电作业。带电作业过程中若遇天气突然变化，有可能危及人身及设备安全时，应立即停止工作，撤离人员，恢复设备正常状况，或采取临时安全措施。

2. 作业环境

如在车辆繁忙地段作业，应与交通管理部门联系以取得配合。

3. 安全距离及有效绝缘长度

（1）作业中，绝缘斗臂车绝缘臂的有效绝缘长度应不小于1.0m。

（2）作业中，人体应保持对地不小于0.4m；如不能确保该安全距离时，应采用绝缘遮蔽措施，遮蔽用具之间的重叠部分不得小于150mm。

4. 重合闸

本项目一般无需停用线路重合闸。

（六）关键点

（1）一相作业完成后，应迅速对其恢复和保持绝缘遮蔽，然后再对另一相开展作业。

（2）对不规则带电部件和接地构件可采用绝缘毯进行遮蔽，但要注意夹紧固定。

（3）作业时，严禁人体同时接触不同的点位体；绝缘斗内双人工作时禁止两人接触不同电位体。

（七）其他安全注意事项

（1）作业前应进行现场勘察。

（2）斗臂车绝缘斗在有电工作区域转移时，应缓慢移动，动作要平稳；绝缘斗臂车作业时，发动机不能熄火（电能驱动型除外），以保证液压系统处于工作状态。

（3）在操作绝缘斗移动时，应防止与电杆、导线、周围障碍物、邻近绝缘斗臂车碰擦。

（4）作业线路下层有低压线路同杆并架时，如妨碍作业，应对作业范围内的相关低压线路采取绝缘遮蔽措施。

（5）根据导线损伤情况，由工作负责人决定是否采取防止作业过程中导线断线的安全措施。

（6）在同杆架设线路上工作，与上层线路小于安全距离规定且无法采取安全措施时，不得进行该项工作。

（7）上、下传递工具、材料时均应使用绝缘传递绳，严禁抛掷。

（8）作业过程中禁止摘下绝缘防护用具。

二十二、扶正绝缘子（绝缘手套作业法）

（一）项目简介

本项目是带电作业人员利用绝缘手套接触高压带电体进行的作业，适用于10kV架空线路带电扶正绝缘子工作。

（二）人员分工

作业人员共4人：工作负责人（兼工作监护人）1人；斗内电工2人；地面电工1人。

（三）工器具

主要工器具配备见表2-22。

表2-22　　主要工器具表

名称	单位	数量	名称	单位	数量
绝缘斗臂车	辆	1	绝缘测试仪（2500V及以上）	套	1
安全帽	顶	2	验电器	套	1
绝缘安全帽	顶	2	风速仪	只	1
绝缘手套	副	2	温湿度仪	只	1
防穿刺手套	副	2	绝缘毯		若干
绝缘披肩	副	2	导线遮蔽罩		若干
绝缘鞋套	双	2	防潮毡布	块	2
双重保护绝缘安全带	副	2	清洁毛巾	条	2
绝缘手套检测器	只	1	待安装螺母	根	3

（四）作业步骤

1. 工具储运和检测

（1）带电作业工器具在运输途中，应存放在专用工具袋、工具箱或专用工具车内，以防受潮和损伤，避免与金属材料、工具混放，不得与酸、碱、油类和化学药品接触。

（2）绝缘工器具在使用中受潮或表面损伤、脏污时，应及时处理并经试验合格后方可使用。使用、设置、拆除绝缘遮蔽用具时应戴清洁、干燥的绝缘手套，并应防止其在使用中脏污和受潮。

（3）领用绝缘工器具、安全用具及辅助器具，应核对工器具的使用电压等级和试验周期，并检查外观是否完好无损。

2. 现场操作前的准备

（1）工作负责人核对线路名称、杆号。

（2）工作负责人检查作业装置、现场环境是否符合作业条件。

（3）工作负责人应按配电带电作业工作票内容与值班调控人员联系，履行工作许可手续。

（4）绝缘斗臂车进入合适位置，并可靠接地，根据道路情况设置安全围栏、警告标志或路障。

（5）工作负责人召集工作人员交代工作任务，对工作班成员进行危险点告知，交代安全措施和技术措施，确认每一个工作班成员都已知晓，检查工作班成员精神状态是否良好，人员是否合适。

（6）整理材料，对安全用具、绝缘工具进行检查，对绝缘工具应使用绝缘检测仪进行分段绝缘检测，绝缘电阻值不低于 700MΩ。查看绝缘臂、绝缘斗是否良好，调试斗臂车。

（7）斗内电工穿戴好绝缘防护用具，进入绝缘斗，挂好安全带保险钩。

（8）斗内电工将工作斗调整至带电作业区域横担下侧适当位置，使用验电器依次对导线、绝缘子、横担进行验电，确认无漏电现象。

3. 操作步骤

（1）斗内电工将绝缘斗调整至近边相导线外侧位置，用导线遮蔽罩对近边相导线遮蔽，斗内电工将绝缘斗调整至近边相绝缘支柱位置，用绝缘毯对近边相支柱绝缘子遮蔽。遮蔽过程中，动作应平稳，不宜用力过大，防止导线受力弹跳、摆幅。斗内电工将绝缘斗调整至近边相绝缘支柱右侧位置，对近边相用导线遮蔽罩进行遮蔽。且满足人体应保持对地不小于 0.4m 的安全距离。使用同样方法依次对远边相、中相进行绝缘遮蔽。按照“先带电体后接地体”的遮蔽原则进行绝缘遮蔽。

（2）近边相、远边相扶正支柱绝缘子，按步骤（1）只需对该相导线做绝缘遮蔽，斗内电工打开螺栓处绝缘包裹，扶正绝缘子，紧固绝缘子螺栓。

（3）中间相扶正绝缘子，按步骤（1）依次对近边相、远边相、中相做绝缘遮蔽，斗内电工将绝缘斗调整至中相绝缘子下方，斗内电工打开螺栓处绝缘包裹，扶正绝缘子，紧固绝缘子螺栓。

（4）拆除绝缘遮蔽措施顺序为先拆除中相遮蔽，再拆除远边相遮蔽，最后拆除近边相遮蔽，按照“先接地体后带电体”的原则拆除绝缘遮蔽。斗内电工检查杆上无任何遗留物后，操作绝缘斗退出有电工作区域，作业人员返回地面。

4. 工作终结

（1）工作负责人组织工作人员清点工器具，并清理施工现场。

（2）工作负责人对完成的工作进行全面检查，符合验收规范要求后，记录在册并召开现场收工会，进行工作点评后，宣布工作结束。

（3）汇报值班调控人员工作已经结束，工作班撤离现场。

（五）安全措施及注意事项

1. 气象条件

带电作业应在良好天气下进行，作业前须进行风速和湿度测量，风力大于 5 级或湿度大于 80%时，不宜带电作业。若遇雷电、雪、雹、雨、雾等不良天气，禁止带电作业。带电作业过程中若遇天气突然变化，有可能危及人身及设备安全时，应立即停止工作撤离人员，恢复设备正常状况，或采取临时安全措施。

2. 作业环境

如在车辆繁忙地段作业，应与交通管理部门联系以取得配合。

3. 安全距离及有效绝缘长度

（1）作业中，绝缘斗臂车绝缘臂的有效绝缘长度应不小于 1.0m。

（2）作业中，人体应保持对地不小于 0.4m；如不能确保该安全距离时，应采用绝缘遮蔽措施，遮蔽用具之间的重叠部分不得小于 150mm。

4. 重合闸

本项目一般无需停用线路重合闸。

（六）关键点

（1）一相作业完成后，应迅速对其恢复和保持绝缘遮蔽，然后再对另一相开展作业。

（2）对不规则带电部件和接地构件可采用绝缘毯进行遮蔽，但要注意夹紧固定。

（3）作业时，严禁人体同时接触不同的电位体；绝缘斗内双人工作时禁止两人接触不同电位体。

（七）其他安全注意事项

（1）作业前应进行现场勘察。

（2）斗臂车绝缘斗在有电工作区域转移时，应缓慢移动，动作要平稳；绝缘斗臂车作业时，发动机不能熄火（电能驱动型除外），以保证液压系统处于工作状态。

（3）在操作绝缘斗移动时，应防止与电杆、导线、周围障碍物、邻近绝缘斗臂车碰擦。

（4）作业线路下层有低压线路同杆并架时，如妨碍作业，应对作业范围内的相关低压线路采取绝缘遮蔽措施。

（5）根据导线损伤情况，由工作负责人决定是否采取防止作业过程中导线断线的安全措施。

（6）在同杆架设线路上工作，与上层线路小于安全距离规定且无法采取安全措施时，不得进行该项工作。

（7）上、下传递工具、材料时均应使用绝缘传递绳，严禁抛掷。

（8）作业过程中禁止摘下绝缘防护用具。

二十三、更换拉线（绝缘手套作业法）

（一）项目简介

本项目是带电作业人员利用绝缘手套接触高压带电体进行的作业，适用于 10kV 架空线路带电更换拉线工作。

（二）人员分工

作业人员共 4 人：工作负责人（兼工作监护人）1 人；斗内电工 2 人；地面电工 1 人。

（三）工器具

主要工器具配备见表 2-23。

表 2-23　　主 要 工 器 具 表

名称	单位	数量	名称	单位	数量
绝缘斗臂车	辆	1	风速仪	只	1
安全帽	顶	2	温湿度仪	只	1
绝缘安全帽	顶	2	绝缘传递绳	根	1
绝缘手套	副	2	绝缘毯		若干
防穿刺手套	副	2	导线遮蔽罩		若干
绝缘披肩	副	2	紧线器	只	1
绝缘鞋套	双	2	卡线器	只	1
双重保护绝缘安全带	副	2	防潮毡布	块	2
绝缘手套检测器	只	1	清洁毛巾	条	2
绝缘测试仪（2500V 及以上）	套	1	绝缘垫	块	1
验电器	套	1	待安装拉线	套	1

（四）作业步骤

1. 工具储运和检测

（1）带电作业工器具在运输途中，应存放在专用工具袋、工具箱或专用工具车内，以防受潮和损伤，避免与金属材料、工具混放，不得与酸、碱、油类和化学药品接触。

（2）绝缘工器具在使用中受潮或表面损伤、脏污时，应及时处理并经试验合格后方可使用。使用、设置、拆除绝缘遮蔽用具时应戴清洁、干燥的绝缘手套，并应防止其在使用中脏污和受潮。

（3）领用绝缘工器具、安全用具及辅助器具，应核对工器具的使用电压等级和试验周期，并检查外观是否完好无损。

2. 现场操作前的准备

（1）工作负责人核对线路名称、杆号。

（2）工作负责人检查作业装置、现场环境是否符合作业条件。

（3）工作负责人应按配电带电作业工作票内容与值班调控人员联系，履行工作许可手续。

（4）绝缘斗臂车进入合适位置，并可靠接地，根据道路情况设置安全围栏、警告标志或路障。

（5）工作负责人召集工作人员交代工作任务，对工作班成员进行危险点告知，交代安全措施和技术措施，确认每一个工作班成员都已知晓，检查工作班成员精神状态是否良好，人员是否合适。

（6）整理材料，对安全用具、绝缘工具进行检查，对绝缘工具应使用绝缘检测仪进行分段绝缘检测，绝缘电阻值不低于700MΩ。查看绝缘臂、绝缘斗是否良好，调试斗臂车。

（7）斗内电工穿戴好绝缘防护用具，进入绝缘斗，挂好安全带保险钩。

（8）斗内电工将工作斗调整至带电作业区域横担下侧适当位置，使用验电器依次对导线、绝缘子、横担、电杆进行验电，确认无漏电现象。

3. 操作步骤

（1）斗内电工将绝缘斗调整至杆上抱箍位置，斗内电工对旧抱箍及新安装拉线抱箍活动范围可能触及的带电体、接地体用绝缘毯严密遮蔽，满足人体应保持对地不小于0.4m的安全距离。斗内电工按照“从近到远、从下到上、先带电体后接地体”的遮蔽原则对作业范围内的所有带电体和接地体进行绝缘遮蔽。

（2）地面电工用绝缘绳将新的拉线抱箍和拉线分别传递给斗内电工。传递拉线时地面电工用绝缘绳控制拉线方向:斗内电工将绝缘斗调整至旧抱箍下方安装新拉线抱箍和拉线，安装好后恢复绝缘遮蔽。

（3）斗内电工操作绝缘斗脱离带电区域。

（4）施工配合人员站在绝缘垫上，使用紧线器收紧拉线，并进行新拉线UT楔形线夹的制作。使用紧线器对新拉线收紧，紧固新拉线UT线夹螺栓，检查新拉线受力可靠后拆除新拉线上的紧线器。

（5）施工配合人员站在绝缘垫上，使用紧线器收紧旧拉线，缓慢松开旧拉线 UT 线夹螺栓，使旧拉线不承力。

（6）斗内电工操作绝缘斗至旧拉线抱箍处，打开绝缘遮蔽，拆除旧拉线及抱箍，并使用绝缘传递绳将旧拉线和拉线抱箍分别传递至地面。传递拉线时地面电工用绝缘绳控制拉线方向。

（7）施工配合人员拆除旧拉线的紧线器。

（8）斗内电工检查拉线与带电体安全距离及杆上施工质量是否满足要求。

（9）工作结束后按照“从远到近、从上到下、先接地体后带电体”的原则拆除绝缘遮蔽隔离措施。斗内电工检查杆上无任何遗留物后，操作绝缘斗退出有电工作区域，作业人员返回地面。

4. 工作终结

（1）工作负责人组织工作人员清点工器具，并清理施工现场。

（2）工作负责人对完成的工作进行全面检查，符合验收规范要求后，记录在册并召开现场收工会，进行工作点评后，宣布工作结束。

（3）汇报值班调控人员工作已经结束，工作班撤离现场。

（五）安全措施及注意事项

1. 气象条件

带电作业应在良好天气下进行，作业前须进行风速和湿度测量，风力大于 5 级或湿度大于 80%时，不宜带电作业。若遇雷电、雪、雹、雨、雾等不良天气，禁止带电作业。带电作业过程中若遇天气突然变化，有可能危及人身及设备安全时，应立即停止工作，撤离人员，恢复设备正常状况，或采取临时安全措施。

2. 作业环境

如在车辆繁忙地段作业，应与交通管理部门联系以取得配合。

3. 安全距离及有效绝缘长度

（1）作业中，绝缘斗臂车绝缘臂的有效绝缘长度应不小于 1.0m。

（2）作业中，人体应保持对地不小于 0.4m；如不能确保该安全距离时，应采用绝缘遮蔽措施，遮蔽用具之间的重叠部分不得小于 150mm。

4. 重合闸

本项目一般无需停用线路重合闸。

（六）关键点

（1）一相作业完成后，应迅速对其恢复和保持绝缘遮蔽，然后再对另一相开展作业。

（2）对不规则带电部件和接地构件可采用绝缘毯进行遮蔽，但要注意夹紧固定。

（3）作业时，严禁人体同时接触不同的电位体；绝缘斗内双人工作时禁止两人接触不同电位体。

（七）其他安全注意事项

（1）作业前应进行现场勘察。

（2）斗臂车绝缘斗在有电工作区域转移时，应缓慢移动，动作要平稳；绝缘斗臂车作业时，发动机不能熄火（电能驱动型除外），以保证液压系统处于工作状态。

（3）在操作绝缘斗移动时，应防止与电杆、导线、周围障碍物、邻近绝缘斗臂车碰擦。

（4）作业线路下层有低压线路同杆并架时，如妨碍作业，应对作业范围内的相关低压线路采取绝缘遮蔽措施。

（5）根据导线损伤情况，由工作负责人决定是否采取防止作业过程中导线断线的安全措施。

（6）在同杆架设线路上工作，与上层线路小于安全距离规定且无法采取安全措施时，不得进行该项工作。

（7）上、下传递工具、材料时均应使用绝缘传递绳，严禁抛掷。

（8）作业过程中禁止摘下绝缘防护用具。

二十四、加装接地挂环（绝缘手套作业法）

（一）项目简介

本项目是带电作业人员利用绝缘手套接触高压带电体进行的作业，适用于 10kV 架空线路带电加装接地挂环工作。

（二）人员分工

作业人员共 4 人：工作负责人（兼工作监护人）1 人；斗内电工 2 人；地面电工 1 人。

（三）工器具

主要工器具配备见表 2-24。

表 2-24　　主要工器具表

名称	单位	数量	名称	单位	数量
绝缘斗臂车	辆	1	绝缘测试仪（2500V 及以上）	套	1
安全帽	顶	2	验电器	套	1
绝缘安全帽	顶	2	风速仪	只	1
绝缘手套	副	2	温湿度仪	只	1
防穿刺手套	副	2	绝缘毯		若干
绝缘披肩	副	2	导线遮蔽罩		若干
绝缘鞋套	双	2	防潮毡布	块	2
双重保护绝缘安全带	副	2	清洁毛巾	条	2
绝缘手套检测器	只	1	待加装接地挂环	组	1

（四）作业步骤

1. 工具储运和检测

（1）带电作业工器具在运输途中，应存放在专用工具袋、工具箱或专用工具车内，以防受潮和损伤，避免与金属材料、工具混放，不得与酸、碱、油类和化学药品接触。

（2）绝缘工器具在使用中受潮或表面损伤、脏污时，应及时处理并经试验合格后方可使用。使用、设置、拆除绝缘遮蔽用具时应戴清洁、干燥的绝缘手套，并应防止其在使用中脏污和受潮。

（3）领用绝缘工器具、安全用具及辅助器具，应核对工器具的使用电压等级和试验周期，并检查外观是否完好无损。

2. 现场操作前的准备

（1）工作负责人核对线路名称、杆号。

（2）工作负责人检查作业装置、现场环境是否符合作业条件。

（3）工作负责人应按配电带电作业工作票内容与值班调控人员联系，履行工作许可手续。

（4）绝缘斗臂车进入合适位置，并可靠接地，根据道路情况设置安全围栏、警告标志或路障。

（5）工作负责人召集工作人员交代工作任务，对工作班成员进行危险点告知，交代安全措施和技术措施，确认每一个工作班成员都已知晓，检查工作班成员精神状态是否良好，人员是否合适。

（6）整理材料，对安全用具、绝缘工具进行检查，对绝缘工具应使用绝缘检测仪进行分段绝缘检测，绝缘电阻值不低于 700MΩ。查看绝缘臂、绝缘斗是否良好，调试斗臂车。

（7）斗内电工穿戴好绝缘防护用具，进入绝缘斗，挂好安全带保险钩。

（8）斗内电工将工作斗调整至带电作业区域横担下侧适当位置，使用验电器依次对导线、绝缘子、横担进行验电，确认无漏电现象。

3. 操作步骤

（1）斗内电工将绝缘斗调整至近边相导线外侧位置，对近边相导线用导线遮蔽罩遮蔽，用绝缘毯对近边相横担遮蔽。遮蔽过程中动作应平稳，不宜用力过大，防止导线受力弹跳、摆幅。按照“从近到远、从下到上、先带电体后接地体”的遮蔽原则对作业范围内的所有带电体和接地体进行绝缘遮蔽，且满足人体应保持对地不小于 0.4m 的安全距离，同样方法依次对远边相、中相进行绝缘遮蔽。

（2）中间相安装接地挂环，斗内电工将绝缘斗调整到中间相导线下侧，打开绝缘遮蔽，安装接地挂环，斗内电工确认接地挂环与导线连接牢固，安装完毕后拆除中间相绝缘遮蔽措施。

（3）远边相安装接地挂环，斗内电工将绝缘斗调整到远边相导线外侧，打开绝缘遮蔽，安装接地挂环，斗内电工确认接地挂环与导线连接牢固，安装完毕后拆除远边相绝缘遮蔽措施。

（4）近边相安装接地挂环，斗内电工将绝缘斗调整到近边相导线外侧，打开绝缘遮蔽，安装接地挂环，斗内电工确认接地挂环与导线连接牢固，安装完毕后拆除近边相绝缘遮蔽措施。

（5）安装接地挂环应先中间相、再远边相、最后近边相顺序，也可视现场实际情况由远到近依次进行。

（6）工作结束后，按照“从远到近、从下到上、先接地体后带电体”的原则拆除绝缘遮蔽措施，斗内电工检查杆上无任何遗留物后，操作绝缘斗退出有电工作区域，作业人员返回地面。

4. 工作终结

（1）工作负责人组织工作人员清点工器具，并清理施工现场。

（2）工作负责人对完成的工作进行全面检查，符合验收规范要求后，记录在册并召开现场收工会，进行工作点评后，宣布工作结束。

（3）汇报值班调控人员工作已经结束，工作班撤离现场。

（五）安全措施及注意事项

1. 气象条件

带电作业应在良好天气下进行，作业前须进行风速和湿度测量，风力大于5级或湿度大于80%时，不宜带电作业。若遇雷电、雪、雹、雨、雾等不良天气，禁止带电作业。带电作业过程中若遇天气突然变化，有可能危及人身及设备安全时，应立即停止工作，撤离人员，恢复设备正常状况，或采取临时安全措施。

2. 作业环境

如在车辆繁忙地段作业，应与交通管理部门联系以取得配合。

3. 安全距离及有效绝缘长度

（1）作业中，绝缘斗臂车绝缘臂的有效绝缘长度应不小于1.0m。

（2）作业中，人体应保持对地不小于0.4m；如不能确保该安全距离时，应采用绝缘遮蔽措施，遮蔽用具之间的重叠部分不得小于150mm。

4. 重合闸

本项目一般无需停用线路重合闸。

（六）关键点

（1）一相作业完成后，应迅速对其恢复和保持绝缘遮蔽，然后再对另一相开展作业。

（2）对不规则带电部件和接地构件可采用绝缘毯进行遮蔽，但要注意夹紧固定。

（3）作业时，严禁人体同时接触不同的电位体；绝缘斗内双人工作时禁止两人接触不同电位体。

（七）其他安全注意事项

（1）作业前应进行现场勘察。

（2）斗臂车绝缘斗在有电工作区域转移时，应缓慢移动，动作要平稳；绝缘斗臂车作业时，发动机不能熄火（电能驱动型除外），以保证液压系统处于工作状态。

（3）在操作绝缘斗移动时，应防止与电杆、导线、周围障碍物、邻近绝缘斗臂车碰擦。

（4）作业线路下层有低压线路同杆并架时，如妨碍作业，应对作业范围内的相关低压线路采取绝缘遮蔽措施。

（5）根据导线损伤情况，由工作负责人决定是否采取防止作业过程中导线断线的安全措施。

（6）在同杆架设线路上工作，与上层线路小于安全距离规定且无法采取安全措施时，不得进行该项工作。

（7）上、下传递工具、材料时均应使用绝缘传递绳，严禁抛掷。

（8）作业过程中禁止摘下绝缘防护用具。

二十五、调节导线弧垂（绝缘手套作业法）

（一）项目简介

本项目是带电作业人员利用绝缘手套接触高压带电体进行的作业，适用于 10kV 架空线路带电调节导线弧垂工作。

（二）人员分工

作业人员共 4 人：工作负责人（兼工作监护人）1 人；斗内电工 2 人；地面电工 1 人。

（三）工器具

主要工器具配备见表 2-25。

表 2-25　　主要工器具表

名称	单位	数量	名称	单位	数量
绝缘斗臂车	辆	1	风速仪	只	1
安全帽	顶	2	温湿度仪	只	1
绝缘安全帽	顶	2	绝缘传递绳	1 根	1
绝缘手套	副	2	绝缘毯		若干
防穿刺手套	副	2	导线遮蔽罩		若干
绝缘披肩	副	2	绝缘紧线器	个	1
绝缘鞋套	双	2	卡线器	个	1
绝缘手套检测器	只	1	后备保护绳	根	1

续表

名称	单位	数量	名称	单位	数量
双重保护绝缘安全带	副	2	防潮毡布	块	2
绝缘测试仪（2500V 及以上）	套	1	清洁毛巾	块	2
验电器	套	1			

（四）作业步骤

1. 工具储运和检测

（1）带电作业工器具在运输途中，应存放在专用工具袋、工具箱或专用工具车内，以防受潮和损伤，避免与金属材料、工具混放，不得与酸、碱、油类和化学药品接触。

（2）绝缘工器具在使用中受潮或表面损伤、脏污时，应及时处理并经试验合格后方可使用。使用、设置、拆除绝缘遮蔽用具时应戴清洁、干燥的绝缘手套，并应防止其在使用中脏污和受潮。

（3）领用绝缘工器具、安全用具及辅助器具，应核对工器具的使用电压等级和试验周期，并检查外观是否完好无损。

2. 现场操作前的准备

（1）工作负责人核对线路名称、杆号。

（2）工作负责人检查作业装置、现场环境是否符合作业条件。

（3）工作负责人应按配电带电作业工作票内容与值班调控人员联系，履行工作许可手续。

（4）绝缘斗臂车进入合适位置，并可靠接地，根据道路情况设置安全围栏、警告标志或路障。

（5）工作负责人召集工作人员交代工作任务，对工作班成员进行危险点告知，交代安全措施和技术措施，确认每一个工作班成员都已知晓，检查工作班成员精神状态是否良好，人员是否合适。

（6）整理材料，对安全用具、绝缘工具进行检查，对绝缘工具应使用绝缘检测仪进行分段绝缘检测，绝缘电阻值不低于 700MΩ。查看绝缘臂、绝缘斗是否良好，调试斗臂车。

（7）斗内电工穿戴好绝缘防护用具，进入绝缘斗，挂好安全带保险钩。

（8）斗内电工将工作斗调整至带电作业区域横担下侧适当位置，使用验电器依次对导线、绝缘子、横担进行验电，确认无漏电现象。

3. 操作步骤

（1）斗内电工将绝缘斗调整至近边导线外侧位置，近边相导线用导线遮蔽罩进行遮蔽，用绝缘毯对耐张线夹、绝缘子串遮蔽严实，对近边相横担用绝缘毯遮蔽严实。遮蔽过程中，动作应平稳，不宜用力过大，防止导线受力弹跳、摆幅。遮蔽重叠部分不得小于150mm。且满足人体应保持对地不小于0.4m。使用同样方法依次对远边相、中相进行绝缘遮蔽。按照“先带电体后接地体”的原则进行绝缘遮蔽。

（2）近边相调整导线弧垂，斗内电工将绝缘斗调整到近边相横担位置，打开绝缘包裹，将绝缘绳套安装在耐张横担上，安装绝缘紧线器，收紧导线，并安装防止跑线的后备保护绳；斗内电工视导线弧垂大小调整耐张线夹内的近边相导线，调节好导线弧垂后，拆除绝缘紧线器、卡头、后备保护绳，恢复近边相遮蔽。

（3）远边相调整导线弧垂，斗内电工将绝缘斗调整到远边相横担位置，打开绝缘包裹，将绝缘绳套安装在耐张横担上，安装绝缘紧线器，收紧导线，并安装防止跑线的后备保护绳；斗内电工视导线弧垂大小调整耐张线夹内的远边相导线，调节好导线弧垂后，拆除绝缘紧线器、卡头、后备保护绳，恢复远边相遮蔽。

（4）中间边调整导线弧垂，斗内电工将绝缘斗调整到中间相绝缘子串下方位置，打开绝缘包裹，将绝缘绳套安装在耐张横担上，安装绝缘紧线器，收紧导线，并安装防止跑线的后备保护绳；斗内电工视导线弧垂大小调整耐张线夹内的远边相导线，调节好导线弧垂后，拆除绝缘紧线器、卡头、后备保护绳，恢复中间相遮蔽。

（5）拆除绝缘遮蔽措施顺序，先拆除中相遮蔽，再拆除远边相遮蔽，最后拆除近边相遮蔽，按照“先接地体后带电体”的原则拆除遮蔽。斗内电工检查杆上无任何遗留物后，操作绝缘斗退出有电工作区域，作业人员返回地面。

4. 工作终结

（1）工作负责人组织工作人员清点工器具，并清理施工现场。

（2）工作负责人对完成的工作进行全面检查，符合验收规范要求后，记录在册并召开现场收工会，进行工作点评后，宣布工作结束。

（3）汇报值班调控人员工作已经结束，工作班撤离现场。

（五）安全措施及注意事项

1. 气象条件

带电作业应在良好天气下进行，作业前须进行风速和湿度测量，风力大于5级或湿度大于80%时，不宜带电作业。若遇雷电、雪、雹、雨、雾等不良天气，禁止带电作业。带电作业过程中若遇天气突然变化，有可能危及人身及设备安全时，应立即停止工作，撤离人员，恢复设备正常状况，或采取临时安全措施。

2. 作业环境

如在车辆繁忙地段作业，应与交通管理部门联系以取得配合。

3. 安全距离及有效绝缘长度

（1）作业中，绝缘斗臂车绝缘臂的有效绝缘长度应不小于1.0m。

（2）作业中，人体应保持对地不小于0.4m；如不能确保该安全距离时，应采用绝缘遮蔽措施，遮蔽用具之间的重叠部分不得小于150mm。

4. 重合闸

本项目一般无需停用线路重合闸。

（六）关键点

（1）一相作业完成后，应迅速对其恢复和保持绝缘遮蔽，然后再对另一相开展作业。

（2）对不规则带电部件和接地构件可采用绝缘毯进行遮蔽，但要注意夹紧固定。

（3）作业时，严禁人体同时接触不同的电位体；绝缘斗内双人工作时禁止两人接触不同电位体。

（七）其他安全注意事项

（1）作业前应进行现场勘察。

（2）斗臂车绝缘斗在有电工作区域转移时，应缓慢移动，动作要平稳；绝缘斗臂车作业时，发动机不能熄火（电能驱动型除外），以保证液压系统处于工作状态。

（3）在操作绝缘斗移动时，应防止与电杆、导线、周围障碍物、邻近绝缘斗臂车碰擦。

（4）作业线路下层有低压线路同杆并架时，如妨碍作业，应对作业范围内的相关低压线路采取绝缘遮蔽措施。

（5）根据导线损伤情况，由工作负责人决定是否采取防止作业过程中导线断线的安全措施。

（6）在同杆架设线路上工作，与上层线路小于安全距离规定且无法采取安全措施时，不得进行该项工作。

（7）上、下传递工具、材料时均应使用绝缘传递绳，严禁抛掷。

（8）作业过程中禁止摘下绝缘防护用具。

第二节　拆装或更换装置

一、带电更换避雷器（绝缘手套作业法）

（一）项目简介

本项目是带电作业人员利用绝缘手套接触高压带电体进行的作业，适用于10kV架空线路带电更换避雷器工作。

（二）人员分工

作业人员共4人：工作负责人（安全监护人）1人；斗内电工2人；地面电工1人。

（三）工器具

主要工器具配备见表2-26。

表 2-26　　　　主 要 工 器 具 表

名称	单位	数量	名称	单位	数量
绝缘斗臂车	辆	1	温湿度仪	只	1
安全帽	顶	2	绝缘毯		若干
绝缘安全帽	顶	2	绝缘毯夹		若干
护目镜	副	2	绝缘传递绳	根	1
绝缘手套	副	2	绝缘隔板	块	2
防穿刺手套	副	2	绝缘子遮蔽罩		视现场情况选用
绝缘披肩	副	2	引流线遮蔽罩		视现场情况选用
双重保护绝缘安全带	副	2	横担遮蔽罩		视现场情况选用
绝缘测试仪（2500V 及以上）	套	1	导线遮蔽罩		若干
验电器	套	1	待更换避雷器	只	3
风速仪	只	1			

（四）作业步骤

1. 工具储运和检测

（1）带电作业工器具在运输途中，应存放在专用工具袋、工具箱或专用工具车内，以防受潮和损伤，避免与金属材料、工具混放，不得与酸、碱、油类和化学药品接触。

（2）绝缘工器具在使用中受潮或表面损伤、脏污时，应及时处理并经试验合格后方可使用。使用、设置、拆除绝缘遮蔽用具时应戴清洁、干燥的绝缘手套，并应防止其在使用中脏污和受潮。

（3）领用绝缘工器具、安全用具及辅助器具，应核对工器具的使用电压等级和试验周期，并检查外观是否完好无损。

2. 现场操作前的准备

（1）工作负责人核对线路名称、杆号。

（2）工作负责人检查作业装置、现场环境是否符合作业条件。

（3）工作负责人应按配电带电作业工作票内容与值班调控人员联系，履行工作许可手续。

（4）绝缘斗臂车进入合适位置，并可靠接地，根据道路情况设置安全围栏、警告标志或路障。

（5）工作负责人召集工作人员交代工作任务，对工作班成员进行危险点告知，交代安全措施和技术措施，确认每一个工作班成员都已知晓，检查工作班成员精神状态是否良好，人员是否合适。

（6）整理材料，对安全用具、绝缘工具进行检查，对绝缘工具应使用绝缘检测仪进行分段绝缘检测，绝缘电阻值不低于700MΩ。查看绝缘臂、绝缘斗是否良好，调试斗臂车。

（7）斗内电工穿戴好绝缘防护用具，进入绝缘斗，挂好安全带保险钩。

（8）斗内电工将工作斗调整至带电作业区域横担下侧适当位置，使用验电器对避雷器、横担进行验电，确认无漏电现象。

3. 操作步骤

（1）斗内电工依次在近相与中相避雷器间、中相与远相避雷器间安装绝缘隔板。

（2）斗内电工将绝缘斗调整至近边相导线适当位置，按照“从近到远、从下到上、先带电体后接地体”的遮蔽原则对作业范围内的所有带电体和接地体进行绝缘遮蔽。

（3）其余两相绝缘遮蔽按照相同方法进行。

（4）斗内电工打开近边相绝缘遮蔽拆除避雷器上桩头引线，近边相避雷器退出运行，分别恢复避雷器引线绝缘遮蔽。

（5）斗内电工使用同样方法拆除其余两相避雷器上桩头引线，其余两相避雷器退出运行。三相避雷器上桩头引流线拆除按先近后远或根据现场情况，选用“先近边相、再远边相、后中间相”的顺序进行。

（6）斗内电工依次拆除待更换避雷器，换上新避雷器并连接好避雷器下桩头接地线。

（7）斗内电工按照“先中间相、再远边相、后近边相”顺序依次连接新避雷器上桩头引线。

（8）作业结束后，斗内电工按照与绝缘遮蔽时相反顺序，即“从远到近、从上到下、先接地体后带电体”的原则依次拆除绝缘遮蔽。

（9）斗内电工检查导线、避雷器和横担上无任何遗留物后，操作绝缘斗退出有电工作区域，作业人员返回地面。

4. 工作终结

（1）工作负责人组织工作人员清点工器具，并清理施工现场。

（2）工作负责人对完成的工作进行全面检查，符合验收规范要求后，记录在册并召开现场收工会，进行工作点评后，宣布工作结束。

（3）汇报值班调控人员工作已经结束，工作班撤离现场。

（五）安全措施及注意事项

1. 气象条件

带电作业应在良好天气下进行，作业前须进行风速和湿度测量，风力大于5级或湿度大于80%时，不宜带电作业。若遇雷电、雪、雹、雨、雾等不良天气，禁止带电作业。带电作业过程中若遇天气突然变化，有可能危及人身及设备安全时，应立即停止工作，撤离人员，恢复设备正常状况，或采取临时安全措施。

2. 作业环境

作业现场和绝缘斗臂车两侧，应根据作业环境设置安全围栏、警告标志或路障，防止外人进入工作区域；如在车辆繁忙地段作业，应与交通管理部门联系以取得配合。

3. 安全距离及有效绝缘长度

（1）作业中，绝缘斗臂车绝缘臂的有效绝缘长度应不小于 1.0m，绝缘操作杆有效绝缘距离应不小于 0.7m。

（2）作业中，人体应保持对地不小于 0.4m；如不能确保该安全距离时，应采用绝缘遮蔽措施，遮蔽用具之间的重叠部分不得小于 150mm。

4. 重合闸

本项目需停用线路重合闸。

（六）关键点

（1）作业人员在接触带电导线和换相工作前应得到工作监护人的许可。

（2）在作业时，要注意避雷器引线与横担及邻相引线的安全距离。

（3）作业时，严禁人体同时接触两个不同的电位体；绝缘斗内双人工作时禁止两人接触不同的电位体。

（七）其他安全注意事项

（1）作业前应进行现场勘察。

（2）斗臂车绝缘斗在有电工作区域转移时，应缓慢移动，动作要平稳；绝缘斗臂车作业时，发动机不能熄火（电能驱动型除外），以保证液压系统处于工作状态。

（3）作业线路下层有低压线路同杆并架时，如妨碍作业，应对作业范围内的相关低压线路采取绝缘遮蔽措施。

（4）作业中及时恢复绝缘遮蔽隔离措施。

（5）拆避雷器引线宜先从与主导线或其他搭接部位拆除，防止带电引线突然弹跳。

（6）在同杆架设线路上工作，与上层线路小于安全距离规定且无法采取安全措施时，不得进行该项工作。

（7）上、下传递工具、材料时均应使用绝缘传递绳，严禁抛掷。

（8）作业过程中禁止摘下绝缘防护用具。

二、带电更换避雷器（绝缘杆作业法）

（一）项目简介

本项目是带电作业人员利用绝缘杆接触高压带电体进行的作业，适用于 10kV 架空线路带电更换避雷器工作。

（二）人员分工

作业人员共 4 人：工作负责人（安全监护人）1 人；斗内电工 2 人；地面电工 1 人。

（三）工器具

主要工器具配备见表2-27。

表2-27　　　　　　　　　　主 要 工 器 具 表

名称	单位	数量	名称	单位	数量
绝缘斗臂车	辆	1	验电器	套	1
安全帽	顶	2	风速仪	只	1
绝缘安全帽	顶	2	温湿度仪	只	1
护目镜	副	2	绝缘传递绳	根	1
绝缘手套	副	2	绝缘隔板	块	2
防穿刺手套	副	2	绝缘锁杆	根	1
绝缘披肩	副	2	绝缘套筒操作杆	根	1
双重保护绝缘安全带	副	2	并沟线夹安装操作杆	根	1
绝缘测试仪（2500V及以上）	套	1	待更换避雷器	只	3

（四）作业步骤

1. 工具储运和检测

（1）带电作业工器具在运输途中，应存放在专用工具袋、工具箱或专用工具车内，以防受潮和损伤，避免与金属材料、工具混放，不得与酸、碱、油类和化学药品接触。

（2）绝缘工器具在使用中受潮或表面损伤、脏污时，应及时处理并经试验合格后方可使用。使用、设置、拆除绝缘遮蔽用具时应戴清洁、干燥的绝缘手套，并应防止其在使用中脏污和受潮。

（3）领用绝缘工器具、安全用具及辅助器具，应核对工器具的使用电压等级和试验周期，并检查外观是否完好无损。

2. 现场操作前的准备

（1）工作负责人核对线路名称、杆号。

（2）工作负责人检查作业装置、现场环境是否符合作业条件。

（3）工作负责人应按配电带电作业工作票内容与值班调控人员联系，履行工作许可手续。

（4）绝缘斗臂车进入合适位置，并可靠接地，根据道路情况设置安全围栏、警告标志或路障。

（5）工作负责人召集工作人员交代工作任务，对工作班成员进行危险点告知，交代安全措施和技术措施，确认每一个工作班成员都已知晓，检查工作班成员精神状态是否良好，人员是否合适。

（6）整理材料，对安全用具、绝缘工具进行检查，对绝缘工具应使用绝缘检测仪进行分段绝缘检测，绝缘电阻值不低于700MΩ。查看绝缘臂、绝缘斗是否良好，调试斗臂车。

（7）斗内电工穿戴好绝缘防护用具，进入绝缘斗，挂好安全带保险钩。

（8）斗内电工将工作斗调整至带电作业区域横担下侧适当位置，使用验电器对避雷器、横担进行验电，确认无漏电现象。

3. 操作步骤

（1）安装绝缘隔板。斗内电工依次在近相与中相避雷器间、中相与远相避雷器间安装绝缘隔板。

（2）拆除近边相避雷器引线。斗内电工使用锁住避雷器上桩头的高压下引线，使用绝缘套筒操作杆、并沟线夹操作杆拆除避雷器引线与电缆引线连接线夹螺栓，避雷器退出运行。斗内电工用绝缘锁杆将近边相避雷器引线转移至离带电体大于0.7m的位置，并扶持固定。

（3）依次拆除远边相、中相避雷器引线。斗内电工相互配合使用绝缘操作杆拆除避雷器引线，避雷器退出运行，斗内电工用绝缘锁杆将避雷器引线转移至离带电体大于0.7m的位置，并扶持固定。

（4）更换避雷器。斗内电工相互配合更换避雷器，避雷器上引线和带电体距离不小于0.7m，避雷器底座固定牢靠，下引线连接可靠。

（5）依次搭接中相、远边相、近边相避雷器引线。斗内电工相互配合使用绝缘操作杆将避雷器引线连接至线路，并调整高压引线，使其尺寸符合安全距离要求且美观，避雷器投入运行。

（6）拆除绝缘隔板。斗内电工相互配合拆除绝缘隔板。

（7）作业人员撤离杆塔。作业人员检查施工质量满足要求，经工作负责人许可后，撤离作业现场。

（8）斗内电工检查导线、避雷器和横担上无任何遗留物后，操作绝缘斗退出有电工作区域，作业人员返回地面。

4. 工作终结

（1）工作负责人组织工作人员清点工器具，并清理施工现场。

（2）工作负责人对完成的工作进行全面检查，符合验收规范要求后，记录在册并召开现场收工会，进行工作点评后，宣布工作结束。

（3）汇报值班调控人员工作已经结束，工作班撤离现场。

（五）安全措施及注意事项

1. 气象条件

带电作业应在良好天气下进行，作业前须进行风速和湿度测量，风力大于5级或湿度大于80%时，不宜带电作业。若遇雷电、雪、雹、雨、雾等不良天气，禁止带电作业。带电作业过程中若遇天气突然变化，有可能危及人身及设备安全时，应立即停止工作，撤离人员，恢复设备正常状况，或采取临时安全措施。

2. 作业环境

如在车辆繁忙地段作业，应与交通管理部门联系以取得配合。

3. 安全距离及有效绝缘长度

（1）作业中，绝缘操作杆的有效绝缘长度应不小于 0.7m。

（2）作业中，人体应保持对带电体 0.4m 以上的安全距离。如不能确保该安全距离时，应采用绝缘遮蔽措施，遮蔽用具之间的重叠部分不得小于 150mm。

4. 重合闸

本项目需停用线路重合闸。

（六）关键点

（1）作业人员在拆除避雷器引流线前应得到工作监护人的许可。

（2）作业过程中绝缘工具金属部分应与接地体保持足够的安全距离。

（七）其他安全注意事项

（1）杆上电工登杆作业应正确使用安全带。

（2）作业线路下层有低压线路同杆并架时，如妨碍作业，应对作业范围内的相关低压线路采用绝缘遮蔽措施。

（3）在同杆架设线路上工作，与上层线路小于安全距离规定且无法采取安全措施时，不得进行该项工作。

（4）在作业时，要注意避雷器引线与横担及邻相引线的安全距离。

（5）新装避雷器需查验试验合格报告并使用绝缘测试仪确认绝缘性能完好。

（6）上、下传递工具、材料时均应使用绝缘绳传递，严禁抛掷。

三、带电更换耐张绝缘子串（绝缘手套作业法）

（一）项目简介

本项目是带电作业人员利用绝缘手套接触高压带电体进行的作业，适用于 10kV 架空线路带电更换耐张绝缘子串工作。

（二）人员分工

作业人员共 4 人：工作负责人（安全监护人）1 人；斗内电工 2 人；地面电工 1 人。

（三）工器具

主要工器具配备见表 2-28。

表 2-28　　主要工器具表

名称	单位	数量	名称	单位	数量
绝缘斗臂车	辆	1	风速仪	只	1
安全帽	顶	2	温湿度仪	只	1
绝缘安全帽	顶	2	绝缘毯		若干

续表

名称	单位	数量	名称	单位	数量
护目镜	副	2	绝缘毯夹		若干
绝缘手套	副	2	绝缘传递绳	根	1
防穿刺手套	副	2	卡线器	只	2
绝缘披肩	副	2	绝缘紧线器	个	1
双重保护绝缘安全带	副	2	导线遮蔽罩		若干
绝缘测试仪（2500V 及以上）	套	1	待更换绝缘子	只	3
验电器	套	1			

（四）作业步骤

1. 工具储运和检测

（1）带电作业工器具在运输途中，应存放在专用工具袋、工具箱或专用工具车内，以防受潮和损伤，避免与金属材料、工具混放，不得与酸、碱、油类和化学药品接触。

（2）绝缘工器具在使用中受潮或表面损伤、脏污时，应及时处理并经试验合格后方可使用。使用操作绝缘工具进行设置、拆除绝缘遮蔽用具时应戴清洁、干燥的绝缘手套，并应防止其在使用中脏污和受潮。

（3）领用绝缘工器具、安全用具及辅助器具，应核对工器具的使用电压等级和试验周期，并检查外观是否完好无损。

2. 现场操作前的准备

（1）工作负责人核对线路名称、杆号。

（2）工作负责人检查确认电杆根部、基础是否牢固，导线固定是否牢固；检查作业装置和现场环境是否符合带电作业条件。

（3）按配电带电作业工作票内容与值班调控人员联系，履行工作许可手续。

（4）绝缘斗臂车进入合适位置，并可靠接地；根据道路情况设置安全围栏、警告标志或路障。

（5）工作负责人召集工作人员交代工作任务，对工作班成员进行危险点告知，交代安全措施和技术措施，确认每一个工作班成员都已知晓，检查工作班成员精神状态是否良好，人员是否合适。

（6）根据分工情况整理材料，对安全用具、绝缘工具进行检查，对绝缘工具应使用绝缘检测仪进行分段绝缘检测，绝缘电阻值不低于700MΩ。查看绝缘臂、绝缘斗是否良好，调试斗臂车。

（7）检查新绝缘子的机电性能良好。

3. 操作步骤

（1）斗内电工穿戴好绝缘防护用具，进入绝缘斗，挂好安全带保险钩。

（2）斗内电工将工作斗调整至带电导线横担下侧适当位置，使用验电器按照导线—绝缘子—横担—电杆的顺序进行验电，确认无漏电现象。

（3）斗内电工将绝缘斗调整到近边相导线外侧适当位置，按照“从近到远、从下到上、先带电体后接地体”的原则对作业范围内的所有带电体和接地体进行绝缘遮蔽，其余两相绝缘遮蔽按照相同方法进行。

（4）安装导线张力转移装置。斗内电工将绝缘斗调整到近边相导线外侧适当位置，将绝缘绳套安装在耐张横担上，安装绝缘紧线器，在紧线器外侧加装后备保护绳，做好双保险保护措施。后备保护绳套宜安装在电杆上。

（5）斗内电工收紧导线至耐张绝缘子松弛，并拉紧后备保护绝缘绳套，且应固定牢固。

（6）斗内电工将耐张线夹与耐张绝缘子连接螺栓拔除，使两者脱离。恢复耐张线夹处的绝缘遮蔽措施。

（7）斗内电工拆除旧耐张绝缘子，安装新耐张绝缘子，并进行绝缘遮蔽。

（8）斗内电工将耐张线夹与耐张绝缘子连接螺栓安装好，恢复绝缘遮蔽。

（9）斗内电工松开后备保护绝缘绳套并放松紧线器，使绝缘子受力后，拆下紧线器、后备保护绳套及绝缘绳套。

（10）其余两相耐张绝缘子更换按相同方法进行。三相耐张绝缘子的更换，可按由简单到复杂、先易后难的原则进行。

（11）工作结束后，按照“从远到近、从上到下、先接地体后带电体”的原则拆除绝缘遮蔽。绝缘斗退出有电工作区域，作业人员返回地面。

4. 工作终结

（1）工作负责人组织工作人员清点工器具，并清理施工现场。

（2）工作负责人对完成的工作进行全面检查，符合验收规范要求后，记录在册并召开现场收工会，进行工作点评，宣布工作结束。

（3）汇报当值调度工作已经结束，恢复线路重合闸，工作班撤离现场。

（五）安全措施及注意事项

1. 气象条件

带电作业应在良好天气下进行，作业前须进行风速和湿度测量，风力大于 5 级或湿度大于 80%时，不宜带电作业。若遇雷电、雪、雹、雨、雾等不良天气，禁止带电作业。带电作业过程中若遇天气突然变化，有可能危及人身及设备安全时，应立即停止工作，撤离人员，恢复设备正常状况，或采取临时安全措施。

2. 作业环境

在车辆繁忙地段作业，应与交通管理部门联系以取得配合。

3. 安全距离及有效绝缘长度

（1）作业中，绝缘斗臂车绝缘臂的有效绝缘长度应不小于 1.0m，绝缘绳套和后备保护的有效绝缘长度应不小于 0.4m。

（2）作业中，人体应保持对地不小于 0.4m；如不能确保该安全距离时，应采用绝缘遮蔽措施，遮蔽用具之间的重叠部分不得小于 150mm。

4. 重合闸

本项目一般无需停用线路重合闸。

（六）关键点

（1）在接触带电导线和换相作业前应得到工作监护人的许可。

（2）验电发现横担有电，禁止继续实施本项作业。

（3）用绝缘紧线器收紧导线后，后备保护绳套应收紧固定。

（4）拔除、安装耐张线夹与耐张绝缘子连接的碗头挂板时，横担侧绝缘子及横担应有严密的绝缘遮蔽措施；在横担上拆除、挂接绝缘子串时，包括耐张线夹等导线侧带电导体应有严密的绝缘遮蔽措施。

（5）作业时，严禁人体同时接触两个不同的电位体；绝缘斗内双人工作时禁止两人接触不同的电位体。

（七）其他安全注意事项

（1）作业前应进行现场勘察。

（2）斗臂车绝缘斗在有电工作区域转移时，应缓慢移动，动作要平稳；绝缘斗臂车作业时，发动机不能熄火（电能驱动型除外），以保证液压系统处于工作状态。

（3）耐张绝缘子上应使用耐张遮蔽罩或绝缘毯进行绝缘遮蔽，应注意由于绝缘遮蔽用具或个人绝缘防护用具绝缘不良防止短接良好绝缘子。

（4）作业线路下层有低压线路同杆并架时，如妨碍作业，应对作业范围内的相关低压线路采取绝缘遮蔽措施。

（5）在同杆架设线路上工作，与上层线路小于安全距离规定且无法采取安全措施时，不得进行该项工作。

（6）上、下传递工具、材料时均应使用绝缘传递绳，严禁抛掷。

（7）作业过程中禁止摘下绝缘防护用具。

四、带电更换直线杆绝缘子及横担（绝缘手套作业法）

（一）项目简介

本项目是带电作业人员利用绝缘手套接触高压带电体进行的作业，适用于 10kV 架空线路带电更换直线杆绝缘子及横担工作。

（二）人员分工

作业人员共 4 人：工作负责人（安全监护人）1 人；斗内电工 2 人；地面电工 1 人。

（三）工器具

主要工器具配备见表 2-29。

表 2-29　　主要工器具配备表

名称	单位	数量	名称	单位	数量
绝缘斗臂车	辆	1	风速仪	只	1
安全帽	顶	2	温湿度仪	只	1
绝缘安全帽	顶	2	绝缘毯		若干
护目镜	副	2	绝缘毯夹		若干
绝缘手套	副	2	绝缘传递绳	根	1
防穿刺手套	副	2	绝缘隔板	个	3
绝缘披肩	副	2	绝缘横担	副	1
双重保护绝缘安全带	副	2	导线遮蔽罩		若干
绝缘测试仪（2500V 及以上）	套	1	待更换绝缘子	只	2
验电器	套	1			

（四）作业步骤

1. 工具储运和检测

（1）带电作业工器具在运输途中，应存放在专用工具袋、工具箱或专用工具车内，以防受潮和损伤，避免与金属材料、工具混放，不得与酸、碱、油类和化学药品接触。

（2）绝缘工器具在使用中受潮或表面损伤、脏污时，应及时处理并经试验合格后方可使用。使用操作绝缘工具进行设置、拆除绝缘遮蔽用具时应戴清洁、干燥的绝缘手套，并应防止其在使用中脏污和受潮。

（3）领用绝缘工器具、安全用具及辅助器具，应核对工器具的使用电压等级和试验周期，并检查外观是否完好无损。

2. 现场操作前的准备

（1）工作负责人核对线路名称、杆号。

（2）工作负责人检查确认电杆根部、基础是否牢固，导线固定是否牢固；检查作业装置和现场环境是否符合带电作业条件。

（3）按配电带电作业工作票内容与值班调控人员联系，履行工作许可手续。

（4）绝缘斗臂车进入合适位置，并可靠接地；根据道路情况设置安全围栏、警告标志或路障。

（5）工作负责人召集工作人员交代工作任务，对工作班成员进行危险点告知，交代安全措施和技术措施，确认每一个工作班成员都已知晓，检查工作班成员精神状态是否良好，人员是否合适。

（6）根据分工情况整理材料，对安全用具、绝缘工具进行检查，对绝缘工具应使用绝缘检测仪进行分段绝缘检测，绝缘电阻值不低于 700MΩ。查看绝缘臂、绝缘斗是否良好，调试斗臂车。

（7）检查新绝缘子的机电性能是否良好。

3. 操作步骤

待更换横担上方安装绝缘横担法（导线为三角排列），可采用以下方法实施本项目。

（1）斗内电工穿戴好全套绝缘防护用具，进入绝缘斗内，挂好安全带保险钩。

（2）斗内电工将工作斗调整至带电导线横担下侧适当位置，使用验电器按照导线—绝缘子—横担—电杆的顺序进行验电，确认无漏电现象。

（3）斗内电工将绝缘斗调整到近边相导线外侧适当位置，按照“从近到远、从下到上、先带电体后接地体”的遮蔽原则对作业范围内的所有带电体和接地体进行绝缘遮蔽。其余两相遮蔽按相同方法进行。绝缘遮蔽次序按照“先近边相、后远边相、最后中间相”的顺序进行。

（4）斗内电工互相配合，在电杆合适位置安装绝缘横担。

（5）斗内电工将绝缘斗调整到近边相外侧适当位置，使用绝缘斗小吊绳固定导线，收紧小吊绳，使其受力。

（6）斗内电工拆除绝缘子绑扎线，并恢复导线绝缘隔离遮蔽。调整吊臂提升导线，使近边相导线置于临时支撑横担上的固定槽内，然后扣好保险环。

（7）远边相按照相同方法进行。

（8）工作负责人指挥杆上电工拆除旧绝缘子及横担，安装新绝缘子及横担。

（9）斗内电工对新安装绝缘子及横担设置绝缘遮蔽。

（10）斗内电工按照转移导线的相反步骤，利用绝缘小吊，将导线落下并固定在新横担绝缘子上，使用绑扎线固定，恢复绝缘遮蔽。

（11）近边相按照相同方法进行。

（12）斗内电工互相配合拆除杆上临时支撑横担。

（13）工作结束后，按照“从远到近、从上到下、先接地体后带电体”的原则拆除绝缘遮蔽，绝缘斗退出有电工作区域，作业人员返回地面。

4. 工作终结

（1）工作负责人组织工作人员清点工器具，并清理施工现场。

（2）工作负责人对完成的工作进行全面检查，符合验收规范要求后，记录在册并召开现场收工会，进行工作点评，宣布工作结束。

（3）汇报当值调度工作已经结束，工作班撤离现场。

（五）安全措施及注意事项

1. 气象条件

带电作业应在良好天气下进行，作业前须进行风速和湿度测量，风力大于5级或湿度大于80%时，不宜带电作业。若遇雷电、雪、雹、雨、雾等不良天气，禁止带电作业。带电作业过程中若遇天气突然变化，有可能危及人身及设备安全时，应立即停止工作，撤离人员，恢复设备正常状况，或采取临时安全措施。

2. 作业环境

在车辆繁忙地段作业，应与交通管理部门联系以取得配合。

3. 安全距离及有效绝缘长度

（1）作业中，绝缘斗臂车绝缘臂的有效绝缘长度应不小于1.0m，绝缘操作杆的有效绝缘长度应不小于0.7m。

（2）作业中，人体应保持对地不小于0.4m；如不能确保该安全距离时，应采用绝缘遮蔽措施，遮蔽用具之间的重叠部分不得小于150mm。

4. 重合闸

本项目一般无需停用线路重合闸。

（六）关键点

（1）在接触带电导线和换相工作前应得到工作监护人的许可。

（2）如对横担验电发现有电，禁止继续实施本项目。

（3）提升导线前及提升过程中，应检查两侧电杆上的导线绑扎线是否牢靠，如有松动、脱线现象，应重新绑扎加固后方可进行作业。

（4）提升和下降导线时，要缓缓进行，以防止导线晃动，避免造成相间短路；地面的绝缘绳索固定应可靠牢固，避免松动。

（5）作业时，严禁人体同时接触两个不同的电位体；绝缘斗内双人工作时禁止两人接触不同的电位体。

（七）其他安全注意事项

（1）作业前应进行现场勘察。

（2）斗臂车绝缘斗在有电工作区域转移时，应缓慢移动，动作要平稳；绝缘斗臂车作业时，发动机不能熄火（电能驱动型除外），以保证液压系统处于工作状态。

（3）作业线路下层有低压线路同杆并架时，如妨碍作业，应对作业范围内的相关低压线路采取绝缘遮蔽措施。

（4）在同杆架设线路上工作，与上层线路小于安全距离规定且无法采取安全措施时，不得进行该项工作。

（5）上、下传递工具、材料时均应使用绝缘传递绳，严禁抛掷。

（6）作业过程中禁止摘下绝缘防护用具。

第三节 更换配电设备

一、带负荷更换熔断器（绝缘手套作业法）

（一）项目简介

本项目是带电作业人员利用绝缘手套接触高压带电体进行的作业，适用于10kV架空线路带负荷更换熔断器工作。

（二）人员分工

作业人员共4人：工作负责人（安全监护人）1人；斗内电工2人；地面电工1人。

（三）工器具

主要工器具配备见表2-30。

表2-30　　　　主要工器具配备表

名称	单位	数量	名称	单位	数量
绝缘斗臂车	辆	1	绝缘挡板	块	2
安全帽	顶	2	绝缘隔板	块	2
绝缘安全帽	顶	2	绝缘毯		若干
护目镜	副	2	绝缘毯夹		若干
绝缘手套	副	2	绝缘传递绳	根	1
防穿刺手套	副	2	绝缘锁杆	副	1
绝缘披肩	副	2	绝缘操作杆	副	1
双重保护绝缘安全带	副	2	导线遮蔽罩		若干
绝缘测试仪（2500V及以上）	套	1	引线遮蔽罩		若干
验电器	套	1	绝缘引流线	根	3
风速仪	只	1	带负荷更换跌落式熔断器成套装置	套	1
温湿度仪	只	1			

（四）作业步骤

1. 工具储运和检测

（1）带电作业工器具在运输途中，应存放在专用工具袋、工具箱或专用工具车内，以防受潮和损伤，避免与金属材料、工具混放，不得与酸、碱、油类和化学药品接触。

（2）绝缘工器具在使用中受潮或表面损伤、脏污时，应及时处理并经试验合格后方可使用。使用、设置、拆除绝缘遮蔽用具时应戴清洁、干燥的绝缘手套，并应防止其在使用中脏污和受潮。

（3）领用绝缘工器具、安全用具及辅助器具，应核对工器具的使用电压等级和试验周期，并检查外观是否完好无损。

2. 现场操作前的准备

（1）工作负责人核对线路名称、杆号。

（2）工作前工作负责人检查柱上负荷开关或隔离开关是否在拉开位置，具有配网自动化功能的柱上负荷开关，其电压互感器是否退出运行。检查作业装置和现场环境是否符合带电作业条件。

（3）工作负责人按配电带电作业工作票内容与值班调控人员联系，履行工作许可手续。

（4）绝缘斗臂车进入合适位置，并可靠接地，根据道路情况设置安全围栏、警告标志或路障。

（5）工作负责人召集工作人员交代工作任务，对工作班成员进行危险点告知，交代安全措施和技术措施，确认每一个工作班成员都已知晓，检查工作班成员精神状态是否良好，人员是否合适。

（6）根据分工情况整理材料，对安全用具、绝缘工具进行检查，对绝缘工具应使用绝缘检测仪进行分段绝缘检测，绝缘电阻值不低于700MΩ。查看绝缘臂、绝缘斗是否良好，调试斗臂车。

（7）检查测试新熔断器机电性能是否良好，是否符合作业要求。

3. 操作步骤

（1）斗内电工穿戴好绝缘防护用具，进入绝缘斗臂车斗内，挂好安全带保险钩。

（2）斗内电工将工作斗调整至三相熔断器外侧适当位置，使用验电器对熔断器、绝缘子、横担、电杆进行验电，确认无漏电现象。检查熔断器无异常情况。

（3）斗内电工测量三相跌落式熔断器电流，确认负荷电流不大于额定电流200A。

（4）斗内电工安装近边相与电杆或中相之间绝缘隔板。按照“从近到远、从下到上、先带电体后接地体”原则依次对主导线、熔断器、上下引线等带电体和绝缘子、横担等设置绝缘遮蔽措施。

（5）斗内电工互相配合在合适位置安装绝缘引流线支架。安装分段断路器，并确认分段开关处于分闸状态。安装分段断路器与跌落式熔断器下引线之间引流线，引流线外部宜增加辅助绝缘层，斗内电工先将引流线连接分段断路器下桩头快速连接桩，再将引流线连接在跌落式熔断器下引线处。安装分段断路器与主导线引流线，此引流线可以用绝缘引流线，也可用普通绝缘导线。先将引流线连接在分段断路器上桩头，再将引流线连接在主导线上。

（6）斗内电工利用绝缘操作杆合上分段断路器，测量成套装置引流线及跌落式熔断器引线电流，确认成套装置运行正常，并将检测结果向工作负责人汇报。一般情况下，引流线电流约占总电流的1/4～3/4。斗内电工使用绝缘操作杆拉开跌落式熔断器，实现第一次负荷转移。斗内电工再次测量成套装置引流线电流，确认负荷转移正常。

（7）斗内电工将绝缘挡板安装在跌落式熔断器上桩头与横担之间，做好绝缘隔离措施。斗内电工拆除跌落式熔断器上桩头引线，并固定牢靠。

（8）斗内电工将绝缘挡板转移至跌落式熔断器下桩头处，拆除跌落式熔断器下桩头引线，并固定牢靠。此时拆除下桩头引线时，应注意跌落式熔断器下引线也是带电体，应避免同时接触不同电位体。

（9）斗内电工得到工作负责人许可后更换跌落式熔断器。

（10）斗内电工利用绝缘操作杆合上跌落式熔断器，测量成套装置引流线及跌落式熔断器电流，并将测试结果向工作负责人汇报。拉开分段断路器实现第二次负荷转移。斗内电工测量跌落式熔断器电流，确认新跌落式熔断器运行正常。

（11）斗内电工拆除分段断路器与主导线引流线，先拆引流线与主导线连接端，再拆引流线与分段断路器上桩头连接端。拆除分段断路器与跌落式熔断器下引线之间引流线，先拆引流线与跌落式熔断器下引线连接端，再拆除引流线与快速连接桩连接端，拆除分段开关，拆除绝缘支撑杆。

（12）其余两相跌落式熔断器更换方法相同。

（13）拆除绝缘遮蔽。工作斗移至合适位置，拆除横担、电杆等绝缘遮蔽，拆除三相带电体之间的绝缘隔板。

（14）绝缘斗退出带电工作区域，作业人员返回地面。

4. 工作终结

（1）工作负责人组织工作人员清点工器具，并清理施工现场。

（2）工作负责人对完成的工作进行全面检查，符合验收规范要求后，记录在册并召开现场收工会，进行工作点评，宣布工作结束。

（3）汇报值班调控人员工作已经结束，恢复线路重合闸，工作班撤离现场。

（五）安全措施及注意事项

1. 气象条件

带电作业应在良好天气下进行，作业前须进行风速和湿度测量，风力大于 5 级或湿度大于 80%时，不宜带电作业。若遇雷电、雪、雹、雨、雾等不良天气，禁止带电作业。带电作业过程中若遇天气突然变化，有可能危及人身及设备安全时，应立即停止工作，撤离人员，恢复设备正常状况，或采取临时安全措施。

2. 作业环境

在车辆繁忙地段作业，应与交通管理部门联系以取得配合。

3. 安全距离及有效绝缘长度

（1）作业中，绝缘斗臂车的有效绝缘长度应不小于 1.0m。

（2）作业中，人体应保持对地不小于 0.4m，如不能确保该安全距离时，应采用绝缘遮蔽措施，遮蔽用具之间的重叠部分不得小于 150mm。

4. 重合闸

本项目需停用线路重合闸。

（六）关键点

（1）当熔断器上口正常时，直接用绝缘引流线短接。当熔断器发热时，禁止使用绝缘引流线进行短接，需要使用单相开关短接。

（2）作业人员在接触带电导线、进行换相工作转移或分、合熔断器前，应得到监护人的许可。

（3）绝缘引流线应查看额定电流值，所带负荷电流不得超过绝缘引流线的额定电流。

（4）安装绝缘引流线时应有防止熔断器意外断开的措施。绝缘引流线两端连接后或拆除前，应检测相关设备通流情况是否正常，绝缘引流线每一相分流的负荷电流应不小于原线路负荷电流的 1/3。

（5）作业时，严禁人体同时接触两个不同的电位体；绝缘斗内双人工作时禁止两人接触不同的电位体。

（6）边相下引线进行拆、搭工作时，应注意对中相引线及电杆做好绝缘遮蔽隔离措施。作业中应及时恢复和补充绝缘遮蔽隔离措施。

（7）绝缘引流线搭接时应注意相位，确保搭接点接触可靠。

（8）三相绝缘引流线搭接未完成前严禁拉开熔丝管，三相熔丝管未合上前严禁拆除绝缘引流线。

（七）其他安全注意事项

（1）作业前应进行现场勘察。

（2）当斗臂车绝缘斗距带电线路 1～2m 或工作转移时，应缓慢移动，动作要平稳，严禁使用快速挡；绝缘斗臂车在作业时，发动机不能熄火（电能驱动型除外），以保证液压系统处于工作状态。

（3）作业线路下层有低压线路同杆并架时，如妨碍作业，应对作业范围内的相关低压线路采取绝缘遮蔽措施。

（4）在同杆架设线路上工作，与上层线路小于安全距离规定且无法采取安全措施时，不得进行该项工作。

（5）上、下传递工具、材料时均应使用绝缘传递绳，严禁抛掷。

（6）作业过程中禁止摘下绝缘防护用具。

二、带电更换柱上开关或隔离开关（绝缘手套作业法）

（一）项目简介

本项目是带电作业人员利用绝缘手套接触高压带电体进行的作业，适用于 10kV 架空线路带电更换柱上开关或隔离开关工作。

（二）人员分工

作业人员共 4 人：工作负责人（安全监护人）1 人；斗内电工 2 人；地面电工 1 人。

（三）工器具

主要工器具配备见表 2-31。

表 2-31　　主要工器具表

名称	单位	数量	名称	单位	数量
绝缘斗臂车	辆	2	绝缘挡板	套	3

续表

名称	单位	数量	名称	单位	数量
安全帽	顶	2	绝缘隔离挡板	套	3
绝缘安全帽	顶	2	绝缘毯		若干
护目镜	副	2	绝缘毯夹		若干
绝缘手套	副	2	绝缘传递绳	根	1
防穿刺手套	副	2	绝缘锁杆	副	1
绝缘披肩	副	2	绝缘操作杆	副	1
双重保护绝缘安全带	副	2	导线遮蔽罩		若干
绝缘测试仪（2500V 及以上）	套	1	引线遮蔽罩		若干
验电器	套	1	绝缘引流线	根	3
风速仪	只	1	绝缘绳套	套	1
温湿度仪	只	1			

（四）作业步骤

1. 工具储运和检测

（1）带电作业工器具在运输途中，应存放在专用工具袋、工具箱或专用工具车内，以防受潮和损伤，避免与金属材料、工具混放，不得与酸、碱、油类和化学药品接触。

（2）绝缘工器具在使用中受潮或表面损伤、脏污时，应及时处理并经试验合格后方可使用。使用操作绝缘工具进行设置、拆除绝缘遮蔽用具时应戴清洁、干燥的绝缘手套，并应防止其在使用中脏污和受潮。

（3）领用绝缘工器具、安全用具及辅助器具，应核对工器具的使用电压等级和试验周期，并检查外观是否完好无损。

2. 现场操作前的准备

（1）工作负责人核对线路名称、杆号。

（2）工作前工作负责人检查柱上负荷开关或隔离开关是否在拉开位置，具有配网自动化功能的柱上负荷开关，其电压互感器是否退出运行。检查作业装置和现场环境是否符合带电作业条件。

（3）工作负责人按配电带电作业工作票内容与值班调控人员联系，履行工作许可手续。

（4）绝缘斗臂车进入合适位置，并可靠接地，根据道路情况设置安全围栏、警告标志或路障。

（5）工作负责人召集工作人员交代工作任务，对工作班成员进行危险点告知，交代安全措施和技术措施，确认每一个工作班成员都已知晓，检查工作班成员精神状态是否良好，人员是否合适。

（6）根据分工情况整理材料，对安全用具、绝缘工具进行检查，对绝缘工具应使用绝缘检测仪进行分段绝缘检测，绝缘电阻值不低于700MΩ。查看绝缘臂、绝缘斗是否良好，调试斗臂车。

（7）检查测试新柱上负荷开关或隔离开关设备机电性能是否良好，是否符合作业要求。

3. 操作步骤

（1）斗内电工穿戴好绝缘防护用具，进入绝缘斗内，挂好安全带保险钩。

（2）斗内电工将工作斗调整至带电导线横担下侧适当位置，使用验电器按照导线—绝缘子—横担—柱上开关支架—隔离开关支架—电杆的顺序进行验电，确认无漏电现象。

（3）斗内电工按照“从近到远、从下到上、先带电体后接地体”的原则对作业范围内的所有带电体和接地体进行绝缘遮蔽。

1）对导线、引线、耐张线夹、隔离开关等带电设备进行绝缘遮蔽。

2）将两辆绝缘斗分别调整到柱上隔离开关桩头侧，在隔离开关支柱绝缘子处横向加装绝缘隔板。

3）对绝缘子、横担等设备进行绝缘遮蔽。

（4）其他两相绝缘遮蔽按照相同方法进行。

（5）带电更换柱上隔离开关（联动式）。

1）斗内电工调整绝缘斗至近边相合适位置处，将柱上隔离开关引线从主导线上拆开，并妥善固定。恢复主导线处绝缘遮蔽措施（带有避雷器的隔离开关引线，应用绝缘锁杆临时固定引线和主导线，待拆除接续线夹后，调整绝缘斗位置后将引线脱离主导线。如隔离开关引线从耐张线夹引出，可从隔离开关接线柱拆开引线，将引线固定在同相主导线上，加装绝缘遮蔽措施）。

2）其余两相隔离开关按照相同的方法拆除引线。

3）一辆绝缘斗臂车斗内电工将绝缘吊臂调整至柱上隔离开关上方合适位置。

4）斗内电工相互配合更换柱上隔离开关，并进行分、合试操作调试，然后将柱上隔离开关置于断开位置。

5）斗内电工调整绝缘斗在柱上隔离开关相间、两侧各自桩头上加装绝缘挡板。

6）斗内电工相互配合恢复中间相柱上隔离开关引线（带有避雷器的隔离开关引线，应用绝缘锁杆临时将引线固定在主导线后再搭接）。恢复新安装柱上隔离开关的绝缘遮蔽措施。

7）其余两相柱上隔离开关更换按照相同方法进行。

（6）带电更换柱上隔离开关（分相安装）。

1）斗内电工调整绝缘斗至中间相合适位置处，将柱上隔离开关引线从接线端子上拆开，并妥善固定。恢复主导线处绝缘遮蔽措施。

2）其余两相隔离开关按照相同的方法拆除引线。

3）斗内电工使用绝缘传递绳或循环绳在地面电工的配合下将中间相隔离开关传至地面。

4）安装新的隔离开关，并进行分、合试操作调试，确认无误后，将中间相引线接至隔离开关的接线端子上。恢复新安装柱上隔离开关的绝缘遮蔽措施。

5）其余两相柱上隔离开关更换按照相同方法进行。

（7）带电更换柱上开关。

1）斗内电工调整绝缘斗至中间相合适位置处，将柱上负荷开关两侧引线从主导线上拆开，并妥善固定。恢复主导线处绝缘遮蔽措施。

2）其余两相隔离开关按照相同的方法拆除引线。

3）1号斗臂车内的斗内电工在负荷开关上安装绝缘绳套，使用绝缘吊臂在上方吊起柱上负荷开关。

4）2号斗臂车内的斗内电工拆除负荷开关固定螺栓，使负荷开关脱离固定支架。

5）1号斗臂车内的斗内电工操作绝缘吊臂缓慢将柱上负荷开关放至地面。

6）安装新的柱上负荷开关，确认无误后，将中间相两侧引线接至中间相主导线上。恢复新安装柱上负荷开关的绝缘遮蔽。

7）其余两相柱上负荷开关引线按照相同方法搭接。

（8）按照“从远到近、从上到下、先接地体后带电体”的原则拆除绝缘遮蔽隔离措施。拆除杆上绝缘遮蔽时应按“先中间相、再远边相、最后近边相”的顺序依次进行。

（9）工作结束后，将绝缘斗退出有电工作区域，作业人员返回地面。

4. 工作终结

（1）工作负责人组织工作人员清点工器具，并清理施工现场。

（2）工作负责人对完成的工作进行全面检查，符合验收规范要求后，记录在册并召开现场收工会，进行工作点评，宣布工作结束。

（3）汇报当值调度工作已经结束，工作班撤离现场。

（五）安全措施及注意事项

1. 气象条件

带电作业应在良好天气下进行，作业前须进行风速和湿度测量，风力大于5级或湿度大于80%时，不宜带电作业。若遇雷电、雪、雹、雨、雾等不良天气，禁止带电作业。带电作业过程中若遇天气突然变化，有可能危及人身及设备安全时，应立即停止工作，撤离人员，恢复设备正常状况，或采取临时安全措施。

2. 作业环境

（1）本作业步骤只针对于单杆加隔离开关架构方式，在进行双杆或单杆不加隔离开关的柱上开关更换时，应根据现场情况做好相应安全措施。

（2）在车辆繁忙地段还应与交通管理部门联系以取得配合。

3. 安全距离及有效绝缘长度

（1）作业中，绝缘斗臂车绝缘臂的有效绝缘长度不得小于 1.0m，绝缘杆的有效绝缘长度应不小于 0.7m。

（2）起吊柱上负荷开关时，吊车吊臂与有电线路保持 1.5m 以上的安全距离。

（3）作业中，人体应保持对地不小于 0.4m，如不能确保该安全距离时，应采用绝缘遮蔽措施，遮蔽用具之间的重叠部分不得小于 150mm。

4. 重合闸

本项目需停用线路重合闸。

（六）关键点

（1）作业人员进行换相工作转移前，应得到监护人的许可。

（2）带电断、接引线时，作业人员应戴护目镜，保持带电引线对地及邻相引线的安全距离。

（3）作业时，严禁人体同时接触两个不同的电位体；绝缘斗内双人工作时禁止两人接触不同的电位体。

（4）旁路负荷开关及旁路电缆检测绝缘电阻及断开旁路高压引下电缆后应充分放电。

（5）旁路高压引下电缆的引流线夹应以最远距离挂接，以满足构建最大停电作业区间。挂接处应对旁路高压引下电缆的引流线夹进行绝缘遮蔽。

（6）断、接旁路高压引下电缆时，旁路负荷开关应处于断开状态。

（7）有避雷器一侧的开关引线，需用绝缘锁杆配合断、接工作，防止人体串入电路或泄漏电流拉弧伤人。

（8）利用绝缘斗臂车绝缘小吊作业，在起吊柱上开关时应先试吊，移动过程要平稳、缓慢进行。

（9）断、接柱上开关引线时，电压互感器应退出运行。

（10）带负荷更换隔离开关可用绝缘引流线短接。

（11）使用硬质绝缘紧线器收紧导线时应确认紧线器两端卡线器性能完好，卡线牢固并使用绝缘保险绳作为后备保护，防止跑线。

（12）切断导线时要防止线头摆动。切断的导线端头应使用导线端头遮蔽罩。

（13）使用导线接续管进行导线承力接续时，应严格按照工艺要求施工，防止压接不良导致接头发热或承力不足。

（七）其他安全注意事项

（1）作业前应进行现场勘察。

（2）当绝缘斗臂车绝缘斗在有电区域内转移时，应缓慢移动，动作要平稳，严禁使用快速挡；绝缘斗臂车在作业时，发动机不能熄火（电能驱动型除外），以保证液压系统处于工作状态。

（3）停电作业人员登杆及作业过程中，应避免踩踏杆上临时安装的旁路开关及旁路电缆。

（4）柱上开关及隔离开关引线附近如安装接地验电环，应进行绝缘遮蔽。

（5）作业线路下层有低压线路同杆并架时，如妨碍作业，应对作业范围内的相关低压线路采取绝缘遮蔽措施。

（6）在同杆架设线路上工作，与上层线路小于安全距离规定且无法采取安全措施时，不得进行该项工作。

（7）上、下传递工具、材料时均应使用绝缘绳传递，严禁抛掷。

（8）作业过程中禁止摘下绝缘防护用具。

（9）涉及带电与停电作业相配合时，应设立工作协调人，用以保证两个班组之间正确安全的工作。

第四节　转供及电源替代

一、什么是转供

转供是指将某条线路负荷通过联络开关转移至另一条线路进行临时性供电。负荷转供是地区电网运行调度中常见的问题，当遇到设备过载或设备故障停电、设备检修时，除了需要隔离相应的故障区域，还需对失电区域进行负荷转移。随着大规模配电网的建设以及大范围配电网联络的加强，供电恢复的路径与方式的选择日益灵活，负荷转供方式也逐渐增多，如负荷法、主变压器互联转供法、综合转移矩阵法等。

（一）转供的意义

（1）减少非检修线段用户停电，提高电网整体供电能力与供电可靠性。

（2）灵活调整运行方式，达到调度运行或各类检修方式需要的状态。

（二）转供的方式方法

（1）合解环操作，合上联络开关，两条线路合环运行，拉开待解环开关。

（2）停电转负荷，无法合解环的只能停电转供，拉开待转供的开关，再合上联络开关。

（三）负荷转供

配电网运行是智能电网中连接主网和面向用户供电的重要组成部分。大部分线路已实现双电源供电，一般采用闭环设计、开环运行的供电方式。当系统发生故障或者计划检修时，通过合解环操作在无停电或者少停电的前提下实现负荷转移。

如图 2-1 的系统中，对 1 号进线及开关进行计划检修。

为了使 1 号主变压器及其所带负荷不停电，需要先合上开关 A，使 1 号主变压器通过 2 号进线供电。合上开关 A 就是一个典型的合环操作，在合上开关 A 的瞬间形成了如图中虚线所示的环网运行。然后再断开开关 B，即解环操作，可以完成负荷转供。

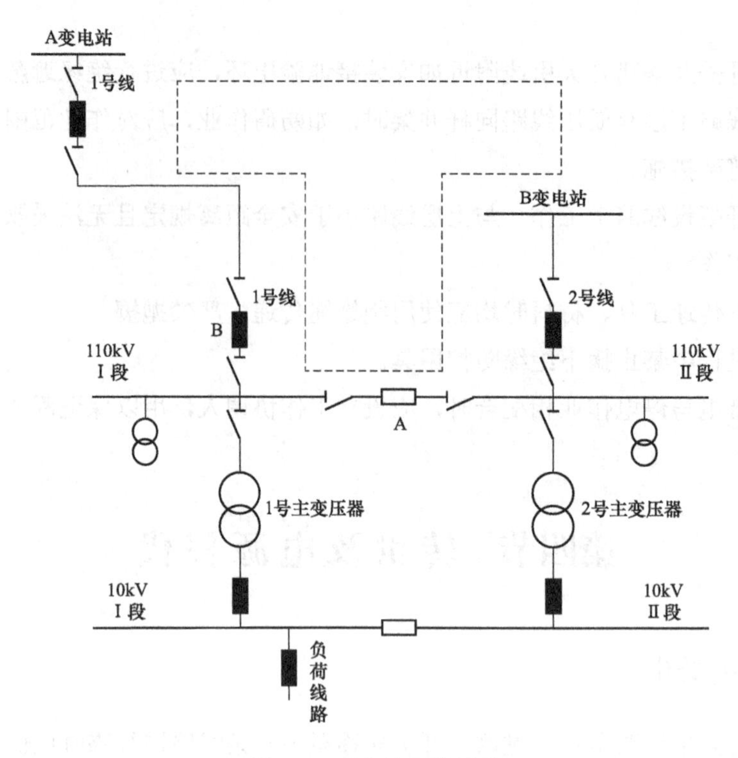

图 2-1　变电站母线转供

（四）完成合解环操作的要求

（1）合环前必须确认相位一致。

（2）合环前尽量将电压差调至最小，220kV 及以下电压等级一般不超过额定电压的 20%，最大不超过额定电压的 30%。

（3）合环时，一般应经同期装置检定，功角差不大于 20°。

（4）不同电压等级的电磁环网未经计算不得进行合环操作。

（5）合、解环前，应充分考虑合、解环后潮流的变化，确保合、解环后系统各点电压在规定范围以内，任一设备不超过各项稳定极限及继电保护运行等方面的限额。

（6）合、解环操作时，应注意调整继电保护及自动装置、主变压器中性点接地方式，使其与运行方式相适应。

（7）合、解环后应核实线路两侧开关状态和潮流情况。

二、电源替代

（一）10kV 中压发电车作业

1. 中压发电车概述

（1）基本组成。中压发电车是由柴油发电机组、中压环网柜、配电柜、电缆绞盘、液压支腿、控制系统及其各配套件组成，用于提供 10kV 中压电源的专用车辆，具备单台运行供电、多台并机运行供电等模式。车辆尺寸及设计总质量标准见表 2-32。

表 2-32　　　　　　　　中压发电车尺寸和最大设计总质量标准

参数	类型（按车辆载体分类）	
	二类底盘	牵引车、半挂车
车辆长度/mm	≤11980	≤13750
高度/mm	≤3980	≤4000
宽度/m	≤2550	≤2550
最大设计总质量/kg	≤31000	≤40000

（2）车辆结构。中压发电车采用独立分区式结构，设有驾乘区、发电机组区、中压设备区、电缆存放区等。

中压发电车按承载车分为Ⅰ型（二类底盘）、Ⅱ型（半挂车）两种型式，其功能分区典型示意图见图 2-2（Ⅰ型）、图 2-3（Ⅱ型），根据发电车容量及整车重量不同，各分区布置存在部分差异。Ⅰ型车主要承载 1000kW 及以下发电机组，Ⅱ型车主要承载 1000kW 以上发电机组。

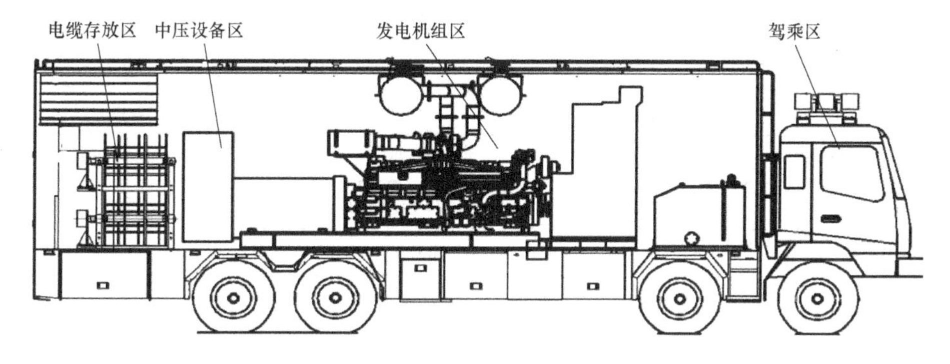

图 2-2　Ⅰ型中压发电车功能分区典型示意图

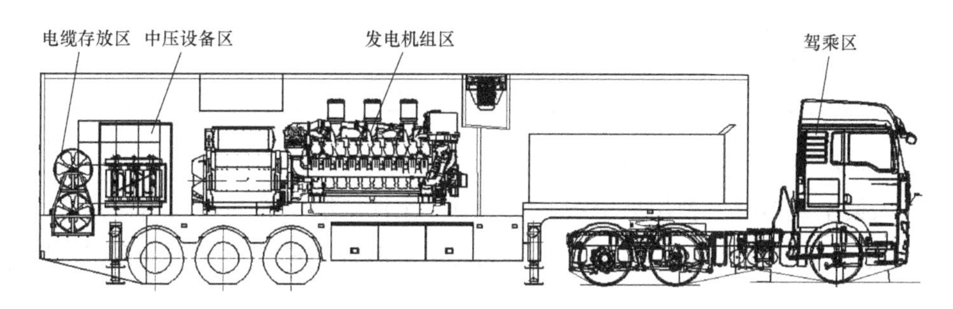

图 2-3　Ⅱ型中压发电车功能分区典型示意图

（3）柴油发电机组。

1）整体概况。柴油发电机组（图 2-4）是以柴油为主燃料的发电设备，是发电车的核心部件，主要由发动机和发电机组成。柴油发电机组是全集成式发电系统，柴油发电机组将柴油燃烧产生的能量转化为电能，通过操作控制系统进行功能转换，可以实现单机、并机、单机并网及多机并网等多种发电方式。

图 2-4　柴油发电机组示意图

2）中压发电车常见车型发电机组技术参数见表 2-33。

表 2-33　　柴油发电机组主要技术参数

指标	技术参数		
功率指标/kW	1000	1600	2000
主用功率/kW	1000	1600	2000
备用功率/kW	1100	1800	2200
机组容量/kVA	1250	2000/2250	2500/2750
额定转速/rpm	1500	1500	1500
额定电压/V	10500	10500	10500
主用功率电流/A	68.7	109	137
额定频率/Hz	50		
额定功率因数	0.8		
相数	3		
冷却方式	闭式循环水冷		

（4）接入方式。该车型可接入架空线路和环网柜。

1）接入架空线路时，使用架空线接入电缆，柔性电缆一端通过快速插头与发电车连接，另一端采用架空引流线夹与 10kV 线路相接。同时在电杆上安装绝缘横担，用于支撑柔性电缆。

2）接入环网柜时，使用环网柜连接电缆，柔性电缆一端通过快速插头与发电车连接，另一端通过环网柜 T 接头与 10kV 环网柜相连。当接入间隔为空间隔时，使用电缆前接头；当接入间隔已有电缆接入时，使用电缆后接头。

（5）控制系统。控制系统位于整车右侧后部的控制柜中，控制系统采用 CAN 总线控制模式，主要由 IG-NT 和 IM-NT 两个控制模块组成，IG-NT 模块运用于单机（发电车停电接入发电）/并机（并机停电接入发电）/单机并网（带电接入发电）控制，IM-NT 运用于多机并网（并机带电接入发电）控制。通过控制系统可以启动/关闭发电机组，调整发电机组运行模式，并可以监控发电机组运行状态。

控制柜面板功能如下。

发电机组控制器：机组燃油表用于显示发电机组油位信息，当 AL2 指示灯亮时油箱的燃油仅够机组满载运行 0.5h，需注意油量。

机组运行指示灯：指示机组的运行状态。

2 号柜输出指示灯：用于指示 2 号柜的状态，灯亮时说明 2 号柜有输出。

3 号柜输出指示灯：用于指示 3 号柜的状态，灯亮时说明 3 号柜有输出。

机组报警：用于机组故障报警的蜂鸣器，灯亮时说明机组故障，应停机进行检查原因，排除后再进行作业。

舱烟报警指示灯：用于发电机舱烟雾报警指示，灯亮时说明机组仓内烟雾过大，应停机进行检查原因，排除后再进行作业。

并网控制器：用于并网及二次并网控制。

机组控制器：用于发电机组控制及并机，并网控制。

钥匙开关：发电机组电源开关，及百叶窗自动触发控制开关。

机位选择旋钮：用于并机并网时，选择车辆所处位置。

功能选择旋钮：用于并网及离网的选择。

面板照明：控制柜面板照明。

机组急停开关：按下时，机组紧急停机。若无特殊情况，不得随意按下此开关。

2. 10kV 中压发电车二次并网发电作业案例介绍

本次作业为 10kV 机光线过更支线部分线路设备需要检修，为保障相关用户能正常供电，采用具有二次并网功能的 10kV 发电车进行重要负荷的不间断供电，并对 10kV 机光线过更支线部分线路设备进行停电检修。

（1）作业原理。发电车接线示意图如图 2-5 所示。

通过电源车并网功能，将 10kV 发电车与电网并列后同时给负载供电，并逐步将负载转移到发电车，断旁路开关，对电源侧配电网设备进行停电检修或更换，检修完毕后供电，并通过发电车二次并网功能，将 10kV 电源车与检修后电网同步，并列运行后，合旁路开关，10kV 发电车退出运行，由电网直接给负载供电，实现整个作业过程的不间断供电。

作业现场线路接线如图 2-6 所示，现场施工内容为机光线过更支线 1～10 号杆杆线入地。带电作业方案为停用机光线过更支线 1～14 号杆，在机光线过更 14 号杆接入中压发电车，由中压发电车对后段用户持续供电。

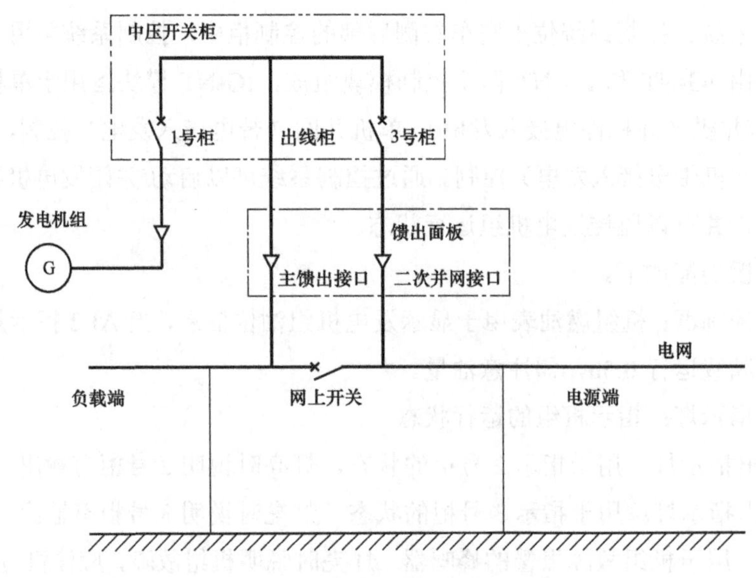

图 2-5 发电车接线示意图

（2）方案选择。

1）方案一：单机带负载作业流程（短时停电）。

①绝缘斗臂车、中压发电车到位，布置作业现场，各类工器具检查、试验；

②开工会，布置工作任务；

③在过更 14 号杆两侧架设旁路，将旁路开关（分闸状态）安装在过更 14 号杆杆身；

④地面人员核相无误后合上旁路开关；

⑤斗上作业人员确认分流正常后，拆开过更 14 号耐张引线；

⑥地面作业人员将旁路电缆连接至中压发电车中压开关柜 2 号柜接口；

⑦斗上作业人员将旁路电缆连接至过更 14 号杆加号侧；

⑧拉开旁路开关，过更 14 号后段停电；

⑨检查中压发电车，按下“机组控制器”上启动按钮，机组启动；

⑩按下“机组控制器”上的 GCB 按钮，1 号柜断路器合闸，中压发电车投入运行，用户可正常用电；

⑪过更支线 1～10 号杆施工；

⑫施工结束后，通知过更 14 号后段用户停电，观测中压发电车负载逐步降低；

⑬按下“机组控制器”上的 GCB 按钮，1 号柜断路器分闸；

⑭按下“机组控制器”上的停机按钮，机组怠速后 3min 自动停机；

⑮合上旁路开关，过更 14 号后段由主网供电；

⑯斗上作业人员将过更 14 号耐张引线搭通；

⑰拉开旁路开关，作业人员拆除旁路电缆并放电；

⑱工作结束。

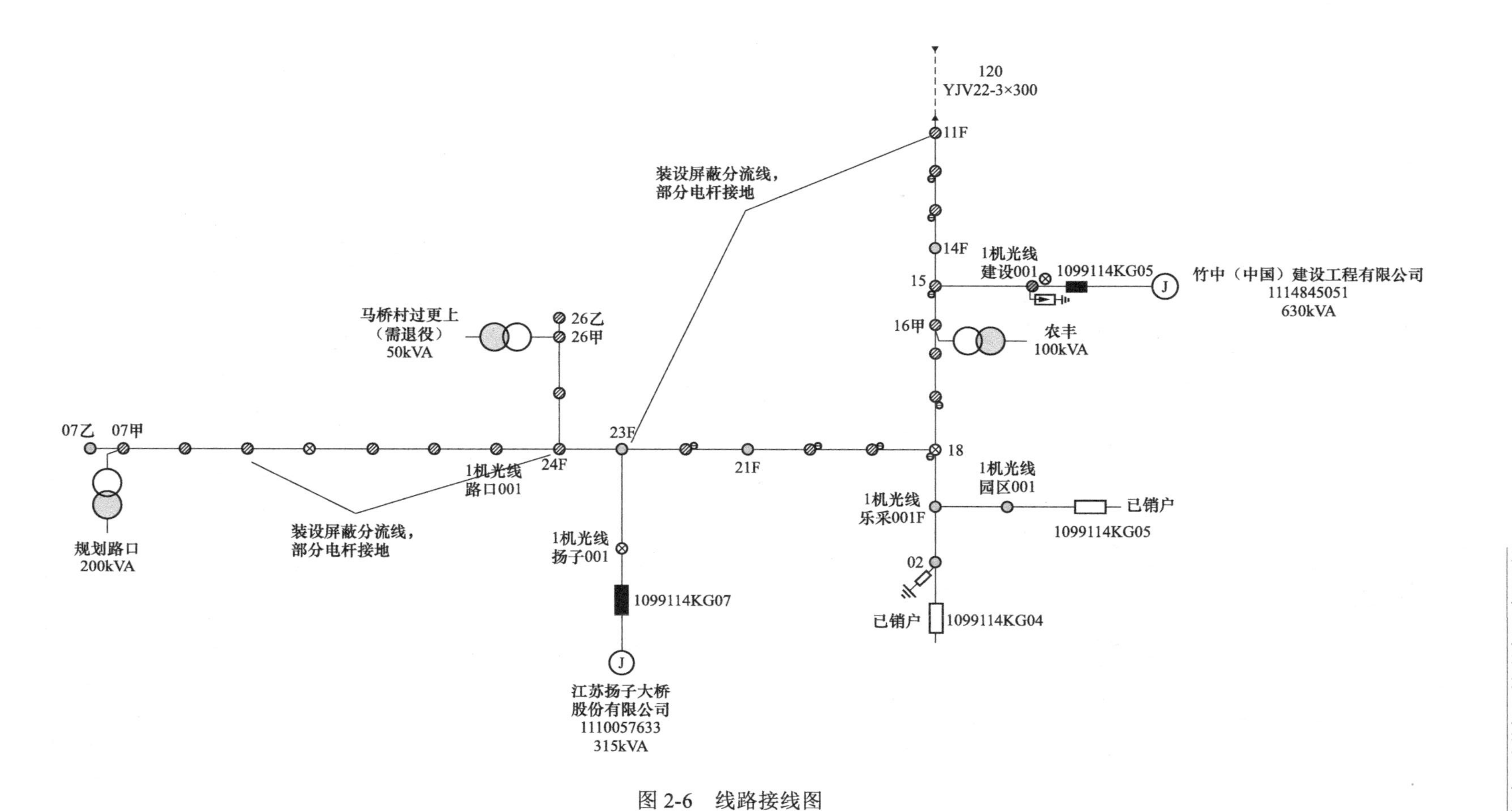
120
YJV22-3×300
11F
装设屏蔽分流线，
部分电杆接地
14F
1机光线
建设001
1099114KG05
竹中（中国）建设工程有限公司
1114845051
630kVA
15
16甲
农丰
100kVA
马桥村过更上
（需退役）
50kVA
26乙
26甲
07乙
07甲
23F
24F
21F
18
1机光线
路口001
1机光线
园区001
1机光线
乐采001F
已销户
1099114KG05
规划路口
200kVA
装设屏蔽分流线，
部分电杆接地
1机光线
扬子001
02
1099114KG07
已销户
1099114KG04
江苏扬子大桥
股份有限公司
1110057633
315kVA

图 2-6　线路接线图

2）方案二：单机二次并网作业流程（完全不停电）。

①绝缘斗臂车、中压发电车到位，布置作业现场，各类工器具检查、试验；

②开工会，布置工作任务；

③在过更 14 号杆两侧架设旁路，将旁路开关（分闸状态）安装在过更 14 号杆杆身；

④地面人员核相无误后合上旁路开关；

⑤斗上作业人员确认分流正常后，拆开过更 14 号耐张引线；

⑥地面作业人员将旁路电缆甲连接至中压发电车中压开关柜 2 号柜接口，将旁路电缆乙连接至中压发电车中压开关柜 3 号柜接口；

⑦斗上作业人员将旁路电缆甲连接至过更 14 号杆加号侧，将旁路电缆乙连接至过更 14 号杆减号侧；

⑧检查中压发电车，按下“机组控制器”上启动按钮，机组启动；

⑨将“脱离、并网”旋钮选择“并网”模式；

⑩确认机组控制器上 MCB 指示灯亮；

⑪单击“机组控制器”上的 GCB 按钮，机组控制器自动同期后合闸 1 号柜开关；

⑫调整机组控制器上基数负载至现有负载（逐级调整）；

⑬断开旁路开关甲，主网停止供电；

⑭将“脱离，并网”旋钮选择“脱离”模式；

⑮过更支线 1～10 号杆停电施工；

⑯施工结束后，过更支线主网供电恢复，将“脱离，并网”旋钮选择“并网”模式；

⑰单击“并网控制器”上的 MGCB 按钮，确认“并网控制器”上的 MGCB 指示灯亮；

⑱单击“并网控制器”上的 MCB 按钮，机组控制器自动同期后合闸 3 号柜开关；

⑲闭合旁路开关。调整中压发电车基数负载至 0，由主网对过更 14 号后段供电；

⑳单击“并网控制器”上的 MCB 按钮，3 号柜分闸；

㉑单击“机组控制器”上的 GCB 按钮，1 号柜分闸；

㉒按下“机组控制器”上的停机按钮，机组怠速后 3min 自动停机；

㉓斗上作业人员搭通过更 14 号耐张引线，并确认分流正常；

㉔地面作业人员拉开旁路开关甲；

㉕拆除旁路开关旁路系统，电缆头放电；

㉖拆除中压发电车旁路电缆甲、旁路电缆乙，电缆头放电；

㉗工作结束。

（3）项目作业流程。

1）作业前准备。

①将电源车停在地面平整位置，保持整车水平放置；

②检查发电机组舱无其他人员和物品；

③检查发电机组燃油、机油、防冻液等处于正常液位；

④将整车接地线进行良好接地；

⑤打开机组电源总开关，打开控制柜电源总开关，百叶窗自动打开，确定百叶窗处于完全打开状态；

⑥检查并确定10kV开关柜断路器处于断开状态；

⑦从电源车展放两组10kV柔性电缆，根据连接线路的不同，选择一组30m，一组50m，电缆一端带有10kV快速连接器，另外一端带有可以直接挂接架空线路的引流线夹；

⑧首先将两组柔性电缆分别连接在旁路开关两端，合上旁路开关，对电缆进行绝缘测试，确认电缆绝缘性能良好；然后将电缆逐相充分放电，并拉开旁路开关；

⑨将柔性电缆通过快速连接器与电源车进行连接，然后通过绝缘斗臂车将柔性电缆与运行中的架空线路连接，如图2-7所示；

图2-7　柔性电缆连接现场示意图

⑩通过无线核相仪确认电网相序与电源车输出相序一致，并测量实际负载电流大小（通过测量电网负载端电流）。

2）一次并网操作。

①旋转电源车应急旋钮同时将功能旋钮置于并网位置；

②将电源车模式旋钮置于一次并网位置；

③按下电源车控制器启动键，启动发电机组；

④电源车启动成功后，查看电压、频率等参数是否正常，确认MCB指示灯常亮；

⑤按下电源车控制器GCB键，控制器自动调整机组参数，满足并网条件后1号柜断路器自动合闸，向负载供电；

⑥通过调整电源车控制器基数负载参数调整机组输出功率；

⑦使用绝缘杆作业断开旁路开关，由机组向负载供电；

⑧对10kV机光线过更支线1～14号进行停电检修。

3）二次并网操作。

①施工结束后，10kV机光线过更支线1～14号主网供电恢复，将“脱离，并网”旋钮选择“并网”模式；

②单击“并网控制器”上的MGCB按钮，确认“并网控制器”上的MGCB指示灯亮；

③单击“并网控制器”上的MCB按钮，机组控制器自动同期后合闸3号柜开关；

④合上旁路开关，调整中压发电车基数负载至0，由主网恢复对过更14号后段供电；

⑤单击“并网控制器”上的MCB按钮，3号柜分闸；

⑥单击“机组控制器”上的GCB按钮，1号柜分闸；

⑦按下“机组控制器”上的停机按钮，机组怠速后3min自动停机；

⑧工作结束，拆除旁路设备。

（二）0.4kV低压发电车作业

400V移动发电车供电法适用于以发电车作为电源，替代变压器向台区所属低压线路或某段线路的用户供电，是一种引入第二电源的旁路作业法，也常作为保供电对象的备用保安电源。前面已经介绍了10kV中压移动发电车的运行操作，下面以发电车接入低压配电柜为例介绍作业技术及操作要领。

1. 现场操作前的准备

（1）工作负责人核对线路名称、杆号、低压配电柜及设备铭牌，并检查线路及变压器等设备无异常情况。

（2）移动发电车进入合适的停放位置，装设可靠接地线，车辆支脚支撑平衡，锁紧装置，并检查发电机四周有无其他易燃易爆物品，若有应及时清理。

（3）根据道路情况在移动发电车周围设置警告标志、围网。

2. 变压器改由移动发电车供电

（1）电缆敷设完毕后应使用2500V绝缘电阻表测试电缆的绝缘电阻0.5MΩ以上，判断电缆无缺陷。

（2）移动发电车电缆与负荷连接。

1）短时停电作业方式（不具备同期功能的低压发电车）。作业前确认原变压器低压相位、相序。断开变压器低压出线开关，将变压器停役，在变压器低压出线处用低压验电笔验明确无电压，装设低压接地线。将发电车电缆按相位分别搭接至移动发电车出线开关接线端和变压器低压进线开关，最后拆除低压接地线。启动发电车，合上发电车出线开关，发电车投运。

变压器恢复送电，为防止发电机组不同步而遭受冲击损坏，禁止变压器与发电车并列运行。

断开发电车出线开关，发电车退运。拆除连接电缆，变压器投运，合上变压器低压出线开关，恢复供电。

2）不停电作业方式（具备同期功能的低压发电车）。

①移动发电车投入运行：确认移动发电车低压出线开关在分闸位置，将移动发电车低压出线开关接线端带电搭接至配电网低压进线开关，启动发电车，在发电车低压出线开关上下桩头处核对相位，相序无误，电压差符合要求，合上发电车低压出线开关，断开变压器出线开关，发电车投运，变压器退出运行。

②移动发电车退出运行：在变压器出线开关上下桩头处核对相位，相序无误，电压差

符合要求，合上变压器出线开关，断开移动发电车低压出线开关，发电车退出运行，变压器恢复供电。

3. 注意事项

（1）移动发电车的相序应与配电变压器低压侧的相序一致，在旁路电缆连接前应用相序表分别在两个系统进行校核。

（2）搭接或拆除电缆终端头的作业方式应满足相关的安全措施要求。如带电搭接或者拆除应确保电缆空载且无接地状态，禁止带负荷搭接或拆除；停电作业方式应履行验电和装设接地线，并对电缆逐相放电后方可进行。

（3）拆除停电的电缆前，应采用放电棒对电缆逐相充分放电后方可直接接触电缆进行作业，防止电缆的残留电荷伤人。

（三）0.4kV 移动储能车作业

应急电源除了前面介绍的以柴油为动力的移动发电车外，还包括储能式应急电源，电压等级为400V，主要有两种储能方式：一是蓄电池储能、逆变释放电能的EPS和UPS应急电源；二是飞轮储能、惯性发电的应急电源。

这两种应急电源均可集装式方便安装在底盘卡车上，构成应急电源车，串联接入重要用电负荷的电源侧，确保不间断高可靠性供电，同时也可以作为独立电源对负载进行供电。储能式应急电源的供电时间与设备的储存容量、用电负荷大小有关，蓄电池储能式的供电时间相对较长，飞轮储能式的供电时间最短，额定负荷下仅能维持 12s 左右，本文不做介绍。

1. EPS 应急电源车

（1）EPS 与 UPS 概念。蓄电池储能式应急电源主要由整流充电器、蓄电池组、逆变器、互投开关装置和系统控制器等组成，实现把交流电整流储存、直流电能逆变成交流电能的应急供电。根据应急供电的方式特点有 EPS 电源与 UPS 电源两种。

应急电源装置（emergency power supply，EPS），即“备用电源”或“应急电源”，EPS是一种允许瞬间（电源自动切换时间）电源中断的应急电源装置，在供电网络正常供电时，其应急供电系统处于“睡眠”的浮充电状态，只有在应急状态下才为负载供电。EPS 电源主要针对城市的应急照明、消防设施以及特别重要负荷，尤其在解决只有一路电源（缺少第二路电源）情况下，代替发电机组构成第二电源或在需要第三电源的场合使用时，能够收到非常好的效果。EPS 电源有点类似于后备式的 UPS，平时逆变器不工作，供电网络断电时才投入蓄电池经逆变器输出供电。采用接触器自动转换，切换时间为 0.1～0.25s。其带负载能力强，适用于电感性、电容性及综合性负载的设备，如电梯、水泵、风机、办公自动化设备、应急照明等，而且使用可靠。

不间断电源（uninterruptible power system，UPS），是一种含有储能装置，以逆变器为主要组成部分的不间断恒压电源。其主要作用是通过 UPS 系统，对敏感用电设备可靠而不间断地进行供电。当供电网络输入正常时，UPS 将供电网络稳压后供给负载使用，此时，UPS 的作用相当于一台交流稳压器，同时它还向本机内储能部分供电。当电网供电中断时，UPS 立即将机内存储的电能通过逆变转换的方法向负载继续供电，使负载维持正常工作。在线式 UPS 在供电网络正常时，由供电网络进行整流，提供直流电压给逆变器工作，由逆变器向负载提供交流电；在供电网络异常时，逆变器由电池提供能量，逆变器始终处于工作状态，保证无间断输出。其特点是：有极宽的输入电压范围，基本无切换时间（仅 10ms 左右）且输出的电压稳定、精度高，特别适合对电源要求较高的场合，但是成本较高。因此，其主要用来给重要的负载提供电力保障。

（2）EPS 和 UPS 的异同点。EPS 和 UPS 均能提供两路选择输出供电，UPS 为保证供电优质，是选择逆变优先；而 EPS 为保证节能，是选择电网供电优先。当然两者在整流充电器和逆变器的设计指标上是有差异的。UPS 由于是在线式使用，出现故障可及时报警，并有电网供电做后备保障，使用者能及时发现故障并排除故障，不会给电网供电中断的影响造成更大的损失。而 EPS 是离线式使用，是最后一道供电保障。

蓄电池储能式应急电源容量大小不等，根据所保障负荷的大小选用，大多数是紧邻固定永久性安装在低压用电设备的电源端。此外，将蓄电池储能式应急电源安装在汽车车厢内，可灵活地作为临时性重要负荷的应急电源。

EPS 应急电源车和 UPS 应急电源车的结构和使用上基本相似，下面重点介绍 EPS 应急电源车。

2. 储能车概况

移动式储能电源车（图 2-8）有 50kW/100kWh、100kW/200kWh、150kW/300kWh、250kW/500kWh、500kW/500kWh、500kW/1000kWh 等型号，内部集成磷酸铁锂电池组、无缝切换变流器，智能控制系统、空调及消防系统等，具备并/离网双模式运行，实现“零闪动”保供电切换，支持多车无线通信并机作业，可以自由组合成不同功率等级的供电系统，具有静音环保、环境友好、机动灵活、供电质量高等诸多优点，满足配网不停电作业支撑、户外应急保障供电、配网设备增容、重要负荷保供电等应用场景。

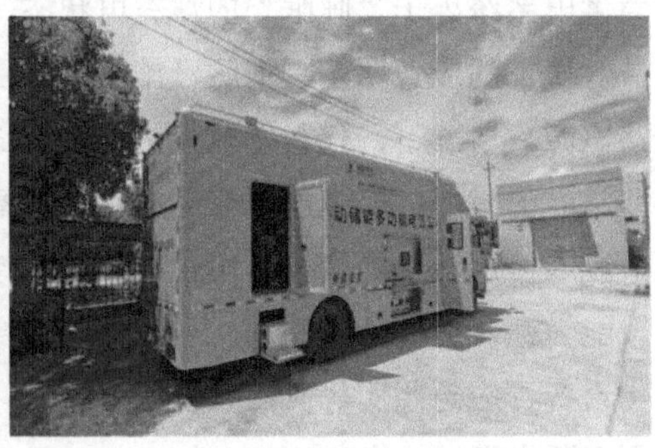

图 2-8　移动式储能电源车展示图

（1）储能车内部组成介绍。

1）储能系统：磷酸铁锂电池组（图 2-9）、BMS 管理系统、直流充电口。

2）储能变流系统：储能变流器、隔离变压器、直流变换器（非必配）、直流充电桩（非必配）。

3）控制系统：监控系统（图 2-10）、配电及控制系统、数据采集系统、协调控制系统、物联网监测系统。

单台电池柜参数

项目	规格
标称电压(V)	537.6
工作电压范围(V)	470.4～604.8V
外形尺寸 (mm)	1068×686×1450
重量(kg)	1400
串并联方式	2Px12Sx14S
能量(kWh)	129

图 2-9　移动式储能电源车电池组

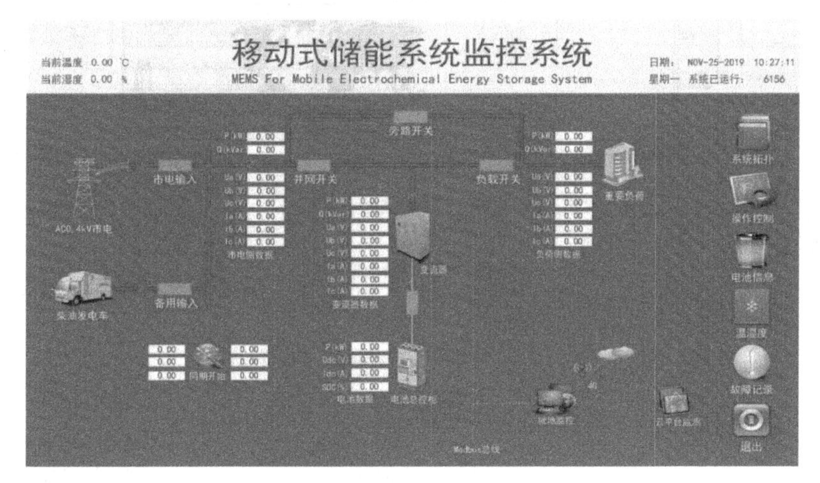

图 2-10　移动式储能电源车监控系统

4）消防预警系统：可燃气体探测器、消防预警主机、声光报警、高压细水雾/七氟丙烷消防介质。

5）温湿度控制系统：温湿度探测器、工业空调。

6）机动车底盘、动力电缆、采样电缆、曲臂照明灯、视频监控系统、安全防护工具、接地线、接地桩（非必配）、电缆分接箱（非必配）、快速接入柜。图 2-11 为移动式储能电源车快速接口，图 2-12 为移动式储能电源车铜排接口。

（2）车辆结构与布局。

车厢内部布局合理，具有震抗、散热、安全防护等设计。变流器与储能系统分区布局，装置与车体可靠连接，提高系统抗震性能，满足不同路况不同应用场景需求，便于多套系统并联运行。移动式储能电源车结构布局如图 2-13 所示。

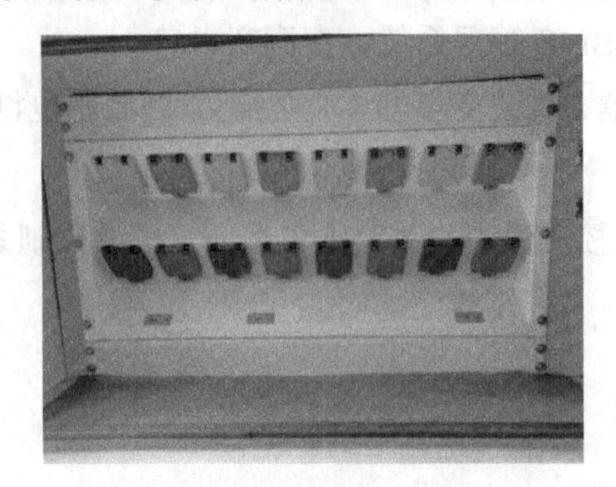

图 2-11 移动式储能电源车快速接口

图 2-12 移动式储能电源车铜排接口

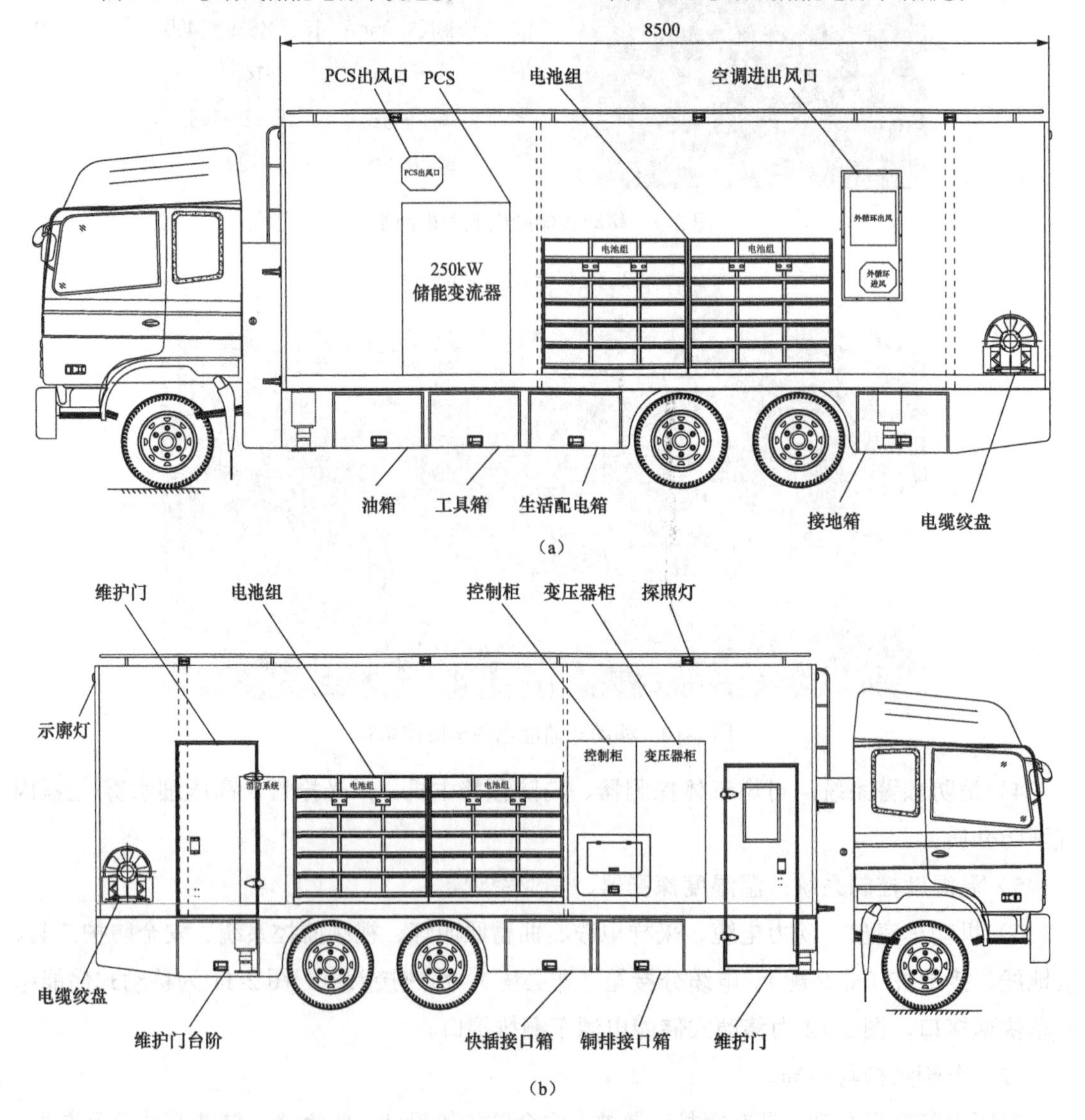

图 2-13 移动式储能电源车结构示意图（一）

（a）移动式储能电源车左视图；（b）移动式储能电源车右视图

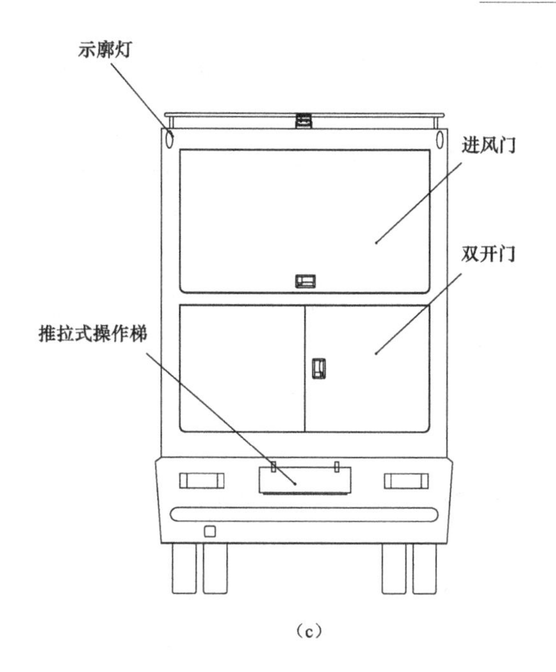

（c）

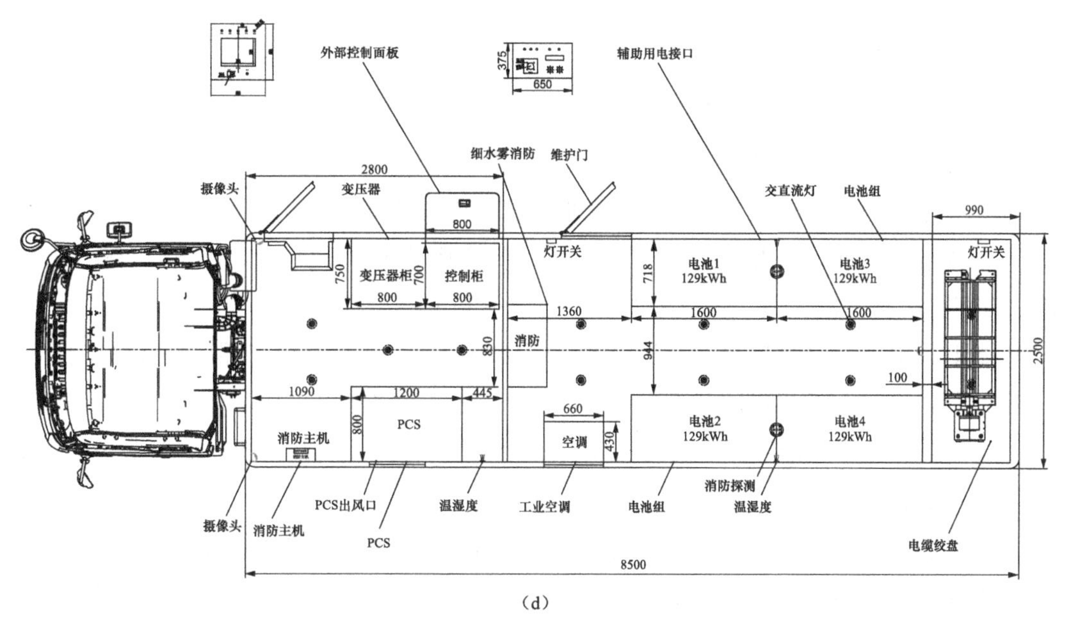

（d）

图 2-13　移动式储能电源车结构示意图（二）

（c）移动式储能电源车后视图；（d）移动式储能电源车平面图

3. 移动式储能电源车可应用场景

（1）作业过程。

1）准备与接线。

①选择尽可能平整的路面，停稳车辆，不要熄火。

②操作液压支撑，使车体停放平整。

③操作电缆绞盘（挂 3 挡松离合），车体采用 25mm^2 接地线可靠接地。

2）系统开机。

①合操作面板下装置电源开关，此时电源灯亮起，系统自动开机至欢迎界面。

②单击 ENTER，用户名 admin，密码“　”（无密码），单击“Enter”登录系统。

3）系统停机。

①操作控制界面，单击“停机”按钮图标，弹窗后单击“停机”。

②关闭 Windows 系统，关闭电源。

③发动车辆，收起电缆，收起液压支撑，关闭所有操作门，任务结束。

（2）作业项目。

1）不停电作业，如；配网台区消缺，变压器调挡、更换，配电箱更换，总表更换，TTU 安装等。

①此作业无需使用市电接入端口，使用一次电缆将车辆负载输出端口与电缆分支箱进行连接，电压采集端口使用电压采集电缆接入台区变压器低压输出侧。

②系统拓扑界面，单击“负载开关”按钮图标，弹窗后单击“合闸”，负载开关图标变红色即合闸成功。

③操作控制界面，运行策略选项下单击“不停电作业”按钮图标，弹窗后单击“确认”，不停电作业指示变红即成功。

④确认市电已通过车辆负载端口送至储能变流器，变流器数据显示正常。

⑤操作控制界面，单击“开机”按钮图标，弹窗后单击“开机”，等待操作面板“并网”“待机”灯亮起则开机完成，系统进入不停电作业模式。

⑥此时，分别拉分外部台区高压开关、低压输出开关，系统会立即切换离网带台区用户负荷运行，操作面板“离网”灯亮起、“待机”灯熄灭则输出成功。

⑦作业结束后，先合外部台区高压开关，系统拓扑界面并网开关图标前数据显示正常，市电电压即台区电压数据采集成功。

⑧系统拓扑界面，单击“同期开始”按钮图标，弹窗后单击“确认”，出现“跟随，允许合闸！”时，合外部台区低压输出开关，至此同期操作完成，应立即进入操作控制界面单击“停机”按钮图标，弹窗后单击“停机”。

⑨系统拓扑界面，单击“负载开关“按钮图标，弹窗后单击“分闸”，负载开关图标变绿色即分闸成功，不停电作业结束。

2）重要负荷保供电（不停电接入），如：体育赛事保电，重要会议保电，庆典、活动保电，高考保电等。

作业前在用户开关处检测相序，将一次电缆与用户开关电源侧、负载侧分别进行连接，按正确相序将电源侧一次电缆接入车辆市电输入快插端口，负载侧一次电缆接至车辆负载输出快插端。

①断开用户开关，此时市电经并网开关、负载开关进行供电。

②系统拓扑界面，依次单击“并网开关”“负载开关”按钮图标，弹窗后单击“合闸”，并网开关、负载开关图标变红色即合闸成功。

③操作控制界面，单击“保电作业”按钮图标，弹窗后单击“确认”，保电作业指示变红即成功。

④操作控制界面，单击“开机”按钮图标，弹窗后单击“开机”；等待操作面板“并网”“待机”灯亮起则开机完成，系统进入负荷保电模式。

⑤电网如果出现异常，系统会立即切换离网运行，切除并网开关，由电源车对用户进行供电。

⑥电网恢复供电后，进入系统拓扑界面，单击“同期开始”按钮图标，弹窗后单击“确认”，待系统同期完成并网开关自动合闸，且操作面板“并网”“待机”灯亮起则同期完成。此时市电对用户进行供电，电源车退出供电。

⑦保电结束，操作控制界面，单击“停机”按钮图标，弹窗后单击“停机”。

⑧系统拓扑界面，依次单击“并网开关”“负载开关”按钮图标，弹窗后单击“分闸”，并网开关、负载开关图标变绿色即分闸成功。

⑨合上用户开关，拆除旁路电缆。

注：保电任务有间隔期，需使用旁路开关，现场调试完成，合上旁路开关（操作同PCC开关），断开所有系统设备、其他断路器和工作电源；间隔期结束，打开监控系统，依次合PCC合闸按钮（确认合位灯亮起）、LOAD开关（确认合位灯亮起），分“BPS分闸按钮”，所有负荷转移系统支路供电。平时需使此开关处于“分闸”位置，仅保电间隔期使用此开关。

3）户外应急保障供电，如：电力抢修、道路施工、道路救援、环保作业、抢险救灾、军事应用等。

作业前在用户开关处检查相位，将一次电缆按原相位将车辆负载输出快插端与用户开关进行连接，合上用户开关。

①系统拓扑界面，单击“负载开关”按钮图标，弹窗后单击“合闸”，负载开关图标变红色即合闸成功。

②操作控制界面，单击“开机”按钮图标，弹窗后单击“开机”。

③待操作面板“离网”“待机”指示灯亮起，单击“离网V/F控制”按钮图标，弹窗后单击“确认”，操作控制界面“V/F状态”指示变红，“待机”指示灯熄灭则输出成功，此时电源车向用户进行供电。

④供电结束，操作控制界面（图2-14），单击“停机”按钮图标，弹窗后单击“停机”。

4）配网设备临时增容，如：茶区电炒茶、鱼虾塘增氧泵、旅游重地、北方煤改电、其他电能替代。

作业前在用户开关处检测相序，将一次电缆与用户开关负载侧进行连接，按正确相序将负载侧一次电缆接入车辆市电输入快插端口。

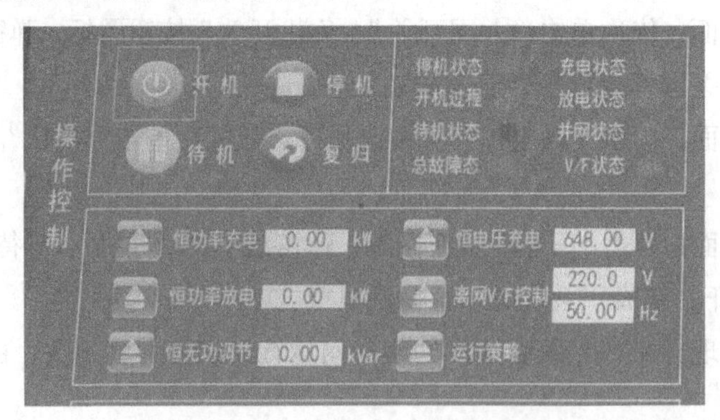

图 2-14　移动式储能电源车操作控制界面

①系统拓扑界面，单击“负载开关”按钮图标，弹窗后单击“合闸”，负载开关图标变红色即合闸成功。

②确认市电已通过电缆送至储能变流器，变流器图标旁数据显示正常。

③进入操作控制界面，运行策略选项下单击“负荷控制”按钮（图 2-15），设置控制目标功率值、步长，确认后单击“使能开启”按钮，系统自动开机并进行台区增容。

④系统退出需先单击“使能关闭”按钮，再进行停机操作。

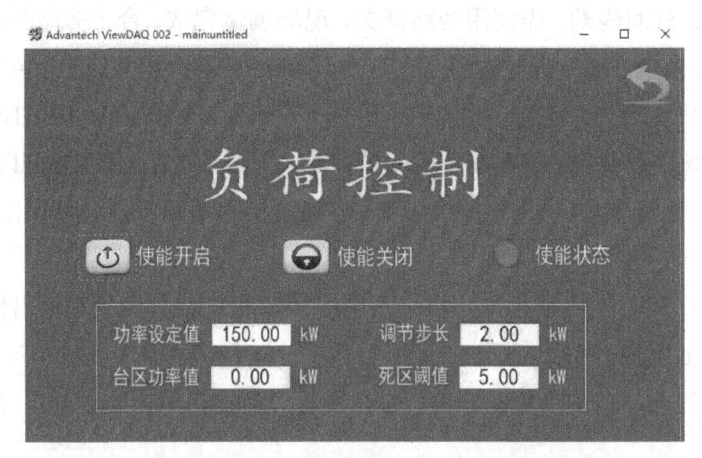

图 2-15　移动式储能电源车负荷控制界面

5）削峰填谷：作业前在用户开关处检测相序，将一次电缆与用户开关负载侧进行连接，按正确相序将负载侧一次电缆接入车辆市电输入快插端口。

①系统拓扑界面，单击“负载开关”按钮图标，弹窗后单击“合闸”，负载开关图标变红色即合闸成功。

②确认市电已通过电缆送至储能变流器，变流器图标旁数据显示正常。

③进入操作控制界面，如图 2-15 所示。运行策略选项下单击“削峰填谷”按钮，设置各时间段功率，确认后单击“使能开启”按钮，系统自动开机并进行削峰填谷作业（图 2-16）。

Advantech ViewDAQ 002 - main:untitled

削峰填谷

使能开启　使能关闭　使能状态

时段	功率		时段	功率		时段	功率	
0-1时	0.00	kW	8-9时	0.00	kW	16-17时	0.00	kW
1-2时	0.00	kW	9-10时	0.00	kW	17-18时	0.00	kW
2-3时	0.00	kW	10-11时	0.00	kW	18-19时	0.00	kW
3-4时	0.00	kW	11-12时	0.00	kW	19-20时	0.00	kW
4-5时	0.00	kW	12-13时	0.00	kW	20-21时	0.00	kW
5-6时	0.00	kW	13-14时	0.00	kW	21-22时	0.00	kW
6-7时	0.00	kW	14-15时	0.00	kW	22-23时	0.00	kW
7-8时	0.00	kW	15-16时	0.00	kW	23-24时	0.00	kW

图 2-16　移动式储能电源车“削峰填谷”界面

④系统退出需先单击“使能关闭”按钮，再进行停机操作。

6）系统充电。

①交流充电：

a）作业前在取电开关（架空线）处检测相序，将一次电缆与取电开关（架空线）负载侧进行连接，按正确相序将一次电缆接入车辆市电输入快插端口。

b）进入操作控制界面，进行开机操作，开机完成后输入充电控制功率，再单击“恒功率充电”按钮，弹窗确认后即开始充电，充电完成自动待机，工作人员手动停机，收起电缆。

②直流充电：系统装置上电，插入直流充电枪，操作直流充电桩，系统开始充电，充电完成，充电桩自动停止，断开装置电源，收起电缆。

4. 移动式储能电源车的接入方式

电源车接入根据应用场景的不同，可以分为串联接入（图 2-17）和并联接入（图 2-18）两种。移动式储能电源车投入运行系统示意图见图 2-19。

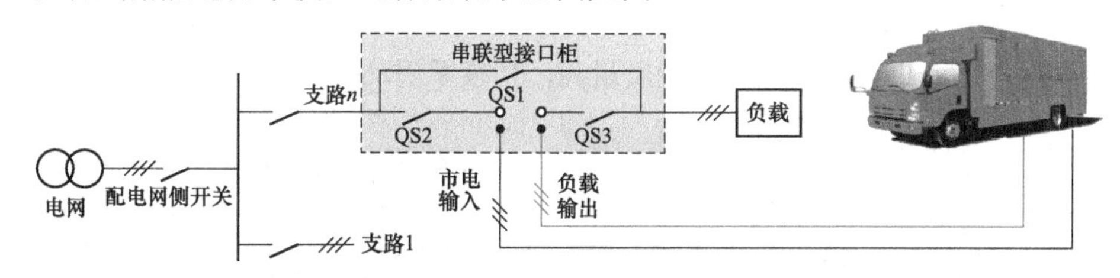

图 2-17　移动式储能电源车串联接入示意图

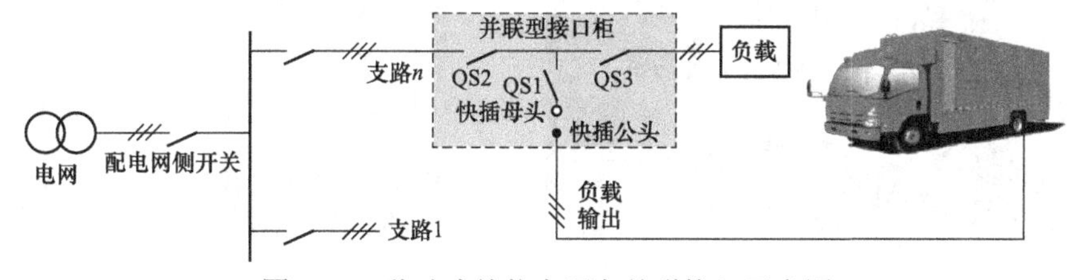

图 2-18　移动式储能电源车并联接入示意图

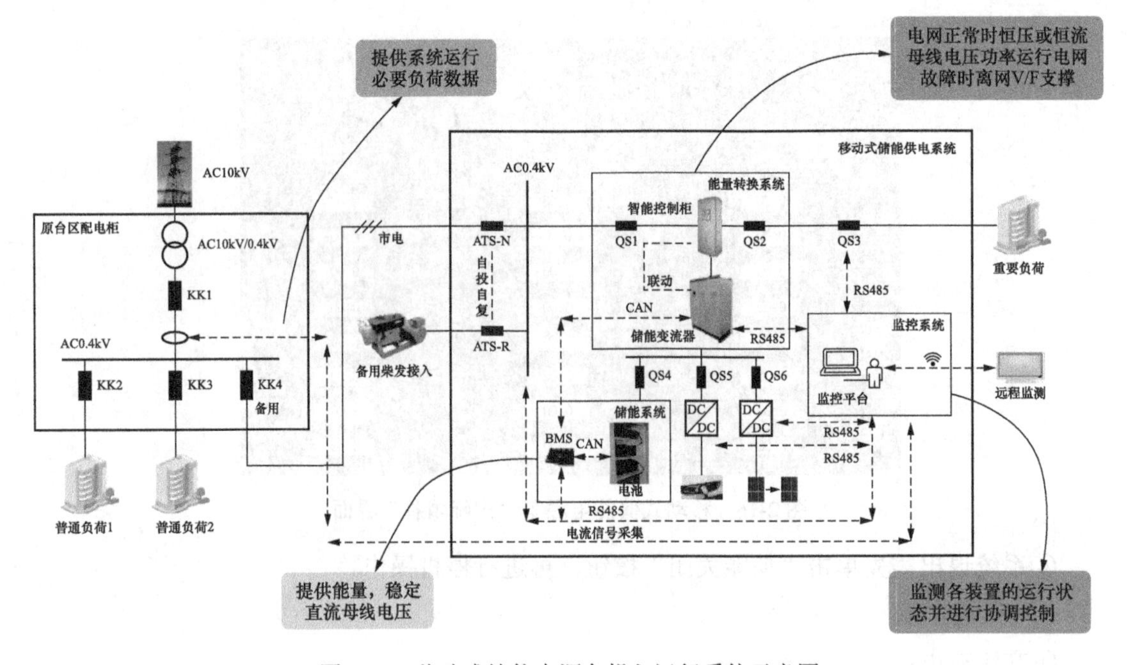

图 2-19　移动式储能电源车投入运行系统示意图

优点：①热备过程损耗低；②保电过程零闪动；③多机无通信任意并联。

5. 储能车与线路或设备的接入方法

储能车与线路或设备的接入方法如图 2-20～图 2-23 所示。

6. 移动式储能电源车的技术特点

（1）毫秒级响应：电源车响应迅速，出力毫秒级响应。

（2）静音：电源车运行时，噪声低至 60dB，户外使用无感受。

（3）环保：电源车供电时零排放，无二氧化碳、硫化物、烟尘等排放物。

（4）离网黑启动：电源车支持离网黑启动供电，重要负荷保供电作业。

（5）机动灵活：一体式电源车机动灵活，即插即用，快速接入支持串、并联多模式接入。

（6）供电零闪动：电源车供电电能质量高，切换零闪动。

图 2-20　低压架空线路接入

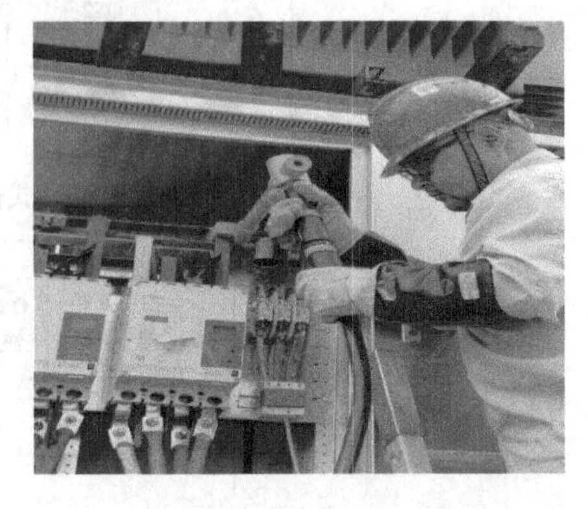

图 2-21　使用汇流夹钳与低压母排接入

图 2-22　低压快速接口接入
（预置快速接入柜，适用于固定点接入）

图 2-23　低压接线端子接入（通用接入）

7. EPS 应急电源车的维护保养

EPS 应急电源车的维护保养除了底盘车、控制回路的定期维护、检查调试、保养外，更为重要的是做好蓄电池组的维护保养，确保正常的使用寿命。为了使蓄电池维持完好的技术状况，应严格按照保养要求进行检查和保养。有资料显示，EPS 因蓄电池故障而引起工作不正常的占了故障比例大约为 1/3。由此可见，加强对 EPS 蓄电池的运行维护，是确保 EPS 应急电源车正常使用的关键。维护 EPS 蓄电池，应从以下几方面入手。

（1）保持适宜的环境温度。影响 EPS 蓄电池寿命的重要因素是环境与温度，一般 EPS 蓄电池生产厂家要求的最佳环境温度是 20～25℃。环境温度一旦超过 25℃，每升高 10℃，EPS 蓄电池的寿命就要缩短一半。EPS 电源的使用环境要求清洁、少尘、干燥。

（2）智能化检测。设置智能化检测装置，安装相应的软件，通过串、并口连接 EPS 电源，可检测获取电网电源输入电压、EPS 电源输出电压、负载利用率、EPS 蓄电池容量利用率、机内温度和电网电源频率等信息，通过参数设置，可设定 EPS 基本特性、EPS 蓄电池可维持时间和 EPS 蓄电池耗尽告警等。通过这些智能化检测，大大方便了 EPS 电源及其 EPS 蓄电池的使用管理。

（3）蓄电池监视。主要监视蓄电池组的端电压值、浮充电流值、每只蓄电池的电压值、蓄电池组及直流母线的对地电阻和绝缘状态等。定期测试电池单体电压及终端电压，检查外观有无异常变形和发热，并保持完整运行记录。定期检查一次侧连接导线是否牢固，是否有腐蚀，如有松动应拧紧至规定扭矩，腐蚀应及时更换。不要单独增加或减少电池组中几个单体电池的负荷，这将造成单体电池容量的不平衡和充电的不均一性，降低电池的使用寿命。

（4）定期充、放电。EPS 电源中的浮充电压和放电电压，在出厂时均已调试到额定值，而放电电流的大小是随着负载的增大而增加的，使用中应合理调节负载。一般情况下，负载不宜超过 EPS 电源额定负载的 60%，在这个范围内，EPS 蓄电池的放电电流就不会出现过度放电。EPS 电源因长期与电网电源相连，在供电质量高、很少发生电网电源停电的使用环境中，EPS 蓄电池会长期处于浮充电状态，时间长了就会导致电池化学能与电能相互转化的活性降低，加速老化而缩短使用寿命。因此，一般每隔 2～3 个月应完全放电一次，放电时间与方法可根据 EPS 蓄电池的性能确定。一次全负荷放电完毕后，按规定再均衡充电 8h 时以上。

1）初充电。蓄电池在安装或大修后的第一次充电，称为初充电。初充电是否良好，将严重影响蓄电池的寿命。这个过程一般由生产厂家在出厂前完成。

2）浮充充电。为了延长蓄电池的使用寿命，通常都采用充电电源与蓄电池组并联的浮充供电方式。

3）均衡充电。在正常运行状态下的电池组，通常不需要均衡充电。但如果发现电池组中单体电池之间电压不均衡时，则应对电池组进行均衡充电。

4）补充充电。电池在存放、运输、安装过程中，会因自放电而失去部分容量。因此，在安装后投入使用前，应根据电池的开路电压判断电池的剩余容量，然后采用不同的方法对蓄电池进行补充充电。对备用搁置较久的蓄电池，每 3 个月应进行一次补充充电。

（5）及时更换废电池。在 EPS 电源连续不断的运行使用中，因性能和质量上的差别，个别电池性能下降、充电储能容量达不到要求而损坏是难免的。如果使用的是免维护的吸收式电解液系统电池，在正常使用时不会产生任何气体，但是如果用户使用不当而造成了 EPS 蓄电池组过量充电就会产生气体，并出现 EPS 蓄电池组内压增大的情况，严重时会使电池鼓胀、变形、漏液甚至破裂，如果发现这种现象应立即更换。当 EPS 蓄电池组中某个电池出现损坏时，维护人员应当对每只电池进行检查测试，排除损坏的电池。更换新的电池时，应该力求购买同厂家同型号的电池，禁止防酸电池和密封电池混合使用。

（四）储能车与传统柴油发电车各自的优劣

1. 柴油发电车

（1）发电车噪声大，以 200kW 柴油发电车为例，通常没有进行好的降噪处理，噪声可达 80～90dB，对周边环境影响大。

（2）发电车排放大，1L 柴油产生二氧化硫排放量为 3.42g，氮氧化物排放量为 44.4g，烟尘排放量为 10.4g。

（3）燃油效率低，柴油发电机效率一般为 30%～45%，效率较低，1L 柴油仅可发电 3kWh 左右。

（4）用电成本大，通常发一度电的成本在 2 元左右，此外，还需要定期对柴油发电机进行保养和滤芯更换等。160kW 的用电负荷需要 200kVA 的柴油发电机，满功率发电 6h，约产生 1.36kg 二氧化硫、17.76kg 二氧化碳、4.16kg 烟尘。

2. 储能车

（1）低噪声，电源车运行噪声极低，满功率运转时噪声仅 60dB 左右，相当于白天马路边无车时的体验感受。

（2）零排放，电源车属于清洁能源，充电时使用市电或者充电桩充电，放电时无任何排放。

（3）效率高，电源车发电效率可达 97%，是传统柴油发电机效率的 3～4 倍，且供电质量极高。

（4）用电成本低，电源车连接电网充电，用电低谷时充电，用电成本仅 0.3～0.4 元/kWh。

第三章 案 例 应 用

本章概述

本章通过阐述多种不停电作业典型案例的实施背景，分析了不停电作业典型项目实施过程中需要注意的风险点和关键点，提出了具有实际推广价值的多种作业优化方案，为促进不停电作业成熟作业体系的形成提供解决思路。

学习目标

1. 熟练掌握不停电更换配电室两台主变压器及高压开关柜的作业方案并明确作业风险点；

2. 熟练掌握双回路主干线入地、新上环网柜零停电的作业方案并明确作业风险点；

3. 熟练掌握从10kV架空线路取电至移动箱式变压器至固定箱式变压器低压侧的作业方案并明确作业风险点；

4. 熟练掌握带负荷直线杆档内架空线路改耐张的作业方案并明确作业风险点；

5. 熟练掌握旁路作业法临时新设环网柜（车）联络直线杆双回架空线路的作业方案并明确作业风险点；

6. 熟练掌握多次不停电作业实现支线杆线入地零停电时户数的作业方案并明确作业风险点。

第一节 不停电更换配电室两台主变压器及高压开关柜案例

一、实施背景

某公司10kV月亮2号线栖月苑变电站中环网柜和主变压器老旧，并有小区业主反映配电变压器产生噪声影响周围业主的日常生活。为防止老旧设备造成安全隐患，提高供电的可靠性，提升供电服务水平，需把亮2号线栖月苑变电站中环网柜和主变压器进行更换。10kV栖月苑变电站由上游望月10号环网柜供电，下游接栖月苑环网柜。

10kV栖月苑变电站中设备的1号主变压器与2号主变压器分居环网柜的南北两侧，2号主变压器目前处于停电状态，低压用户均由1号主变压器供电。

二、不停电作业方案确定

更换 10kV 栖月苑变电站中的环网柜和主变压器，原定的更换方式为停电更换，断开上游 10kV 栖月苑变电站 111 开关后对环网柜和主变压器进行更换，更换的过程需要数小时，造成 10kV 栖月苑变电站中用户和下游栖月苑环网柜中用户的长时间停电，对用户造成经济损失，对小区用户的生活带来诸多的不便。该公司决定采用移动箱式变压器、旁路电缆相结合的大型综合不停电作业方法对 10kV 栖月苑变电站中的环网柜和主变压器进行更换，提高供电可靠性。

三、不停电作业实施方案和成效

为了尽可能地缩小停电范围和减少停电时间，使用移动箱式变压器、旁路电缆相结合的大型综合不停电作业方法对 10kV 栖月苑变电站中的环网柜和主变压器进行更换，实现用户零停电检修。

（1）自 10kV 庆松环网柜敷设旁路电缆至 10kV 栖月苑变电站环网柜，旁路电缆两端分别连接至庆松环网柜 2 号备用 112 间隔和栖月苑环网柜 2 号备用 114 间隔，实现 10kV 庆松环网柜对栖月苑环网柜临时供电。

（2）采用移动箱变车对 10kV 栖月苑变电站用户临时供电，避免 10kV 栖月苑变电站用户长时间停电。将 10kV 庆松环网柜作为中压电源点，由移动箱变车对 10kV 栖月苑变电站 1 号、2 号主变压器低压侧供电。

（3）采用旁路电缆对 10kV 栖月苑环网柜临时供电，在 10kV 庆松环网柜 2 号备用 112 间隔与 10kV 栖月苑环网柜 2 号备用 114 间隔临时连接的旁路电缆上，安装 T 型三通接头，将电源转供至移动箱变车，移动箱变车低压侧通过柔性电缆与 10kV 栖月苑变电所低压侧相连。

采用综合不停电作业方式开展本项工程，首先进行运行方式调整，将停电范围压缩最小，再通过移动箱变车和柔性旁路电缆构建临时旁路系统，完成配电室主变压器及高压开关柜的更换工作，实现待检修设备不停电更换。最终避免周边 28 家商户、650 户居民停电，减少停电时户数，提高供电可靠性。

四、注意点

（1）敷设旁路柔性电缆，应将中、低压侧柔性电缆各段紧密连接，并按相色分别将中、低压柔性电缆与移动箱变车高、低压连接端口紧密连接。

（2）将 10kV 栖月苑变电站低压二段母线停电后，施工人员将转接箱接入 10kV 栖月苑变电站低压 422A 开关负荷侧，同时将移动箱变车低压侧柔性旁路电缆接入，经核相无误后，10kV 栖月苑变电站低压侧用户改为由移动箱变车进行供电。

（3）工作结束后，10kV 栖月苑变电站中压设备恢复送电，经低压停电调电后，施工人员在10kV栖月苑变电站转接箱处拆除柔性电缆接头，并恢复原运行方式。

（4）栖月苑环网柜恢复正常供电方式，旁路系统退出运行后，施工人员拆除庆松环网柜和栖月苑环网柜的中压柔性旁路电缆接头，栖月苑环网柜恢复原运行方式。

第二节　双回路主干线入地、新上环网柜零停电典型案例

一、实施背景

因城市建设需求，某公司需将同杆双回线路10kV西泾112线、优雅111线7～10号杆间导线拆除，8号、9号电杆拔除，将架空线路改为电缆入地。从10kV西泾112线、优雅111线6号杆新放电缆至新立环网柜，由新立环网柜新放电缆至10kV西泾112线、优雅111线10号杆上杆至架空线路，为后段线路提供电源。

10kV西泾112线、优雅111线地处城郊结合部，线路结构单一。10kV优雅111线全线无带供联络点，线路中段仅有双河苑站具备双电源，但10kV优雅111线至双河苑站进线为小线径95电缆，不具备带供条件。10kV西泾112线仅在30号杆处有带供点。图3-1所示为10kV西泾112线单线图。图3-2所示为10kV优雅111线单线图。

二、不停电作业方案确定

（1）10kV西泾112线前段西坝头变电站—西耀停电检修，预计停电时户数54时户。10kV优雅111线前段西坝头变电站—双河苑站优雅F211停电检修，预计停电时户数51时户。停电户数大，严重影响当地生产、生活用电。

（2）优化停电方案，计划10kV西泾112线、优雅111线在32号杆通过柱上开关，采取同杆互联方式新建联络，由10kV高桥线同时带供西泾112线、优雅111线30号杆后段负荷。西泾112线、优雅111线30号杆通过带电作业方式拆头，停电范围为西坝头变电站至30号杆。预计停电时户数29时户。但由于“山北桥”开关在高桥线末端，高桥线无法带供。继续优化施工方案，采用旁路作业，将新上环网柜视作一个plus版旁路开关，将新上环网柜电源、负荷两侧电缆先带电搭头，然后运行方式调整分别合上环网柜内进、出线开关，在6号杆～10号杆间并列运行新上环网柜，最后采取带电拆头、拆线作业方式，将7号杆～10号杆间的导线、电杆拆除，实现零停电检修。

三、不停电作业实施方案和成效

（1）新上环网柜提前就位，环网柜进、出线电缆制作完毕，提前上杆，电缆搭头引线压接备用。电缆上杆工作需填用配电第二种工作票，上杆时，电缆头、工作人员与10kV运行线路保持足够的安全距离，杆下设专人监护。

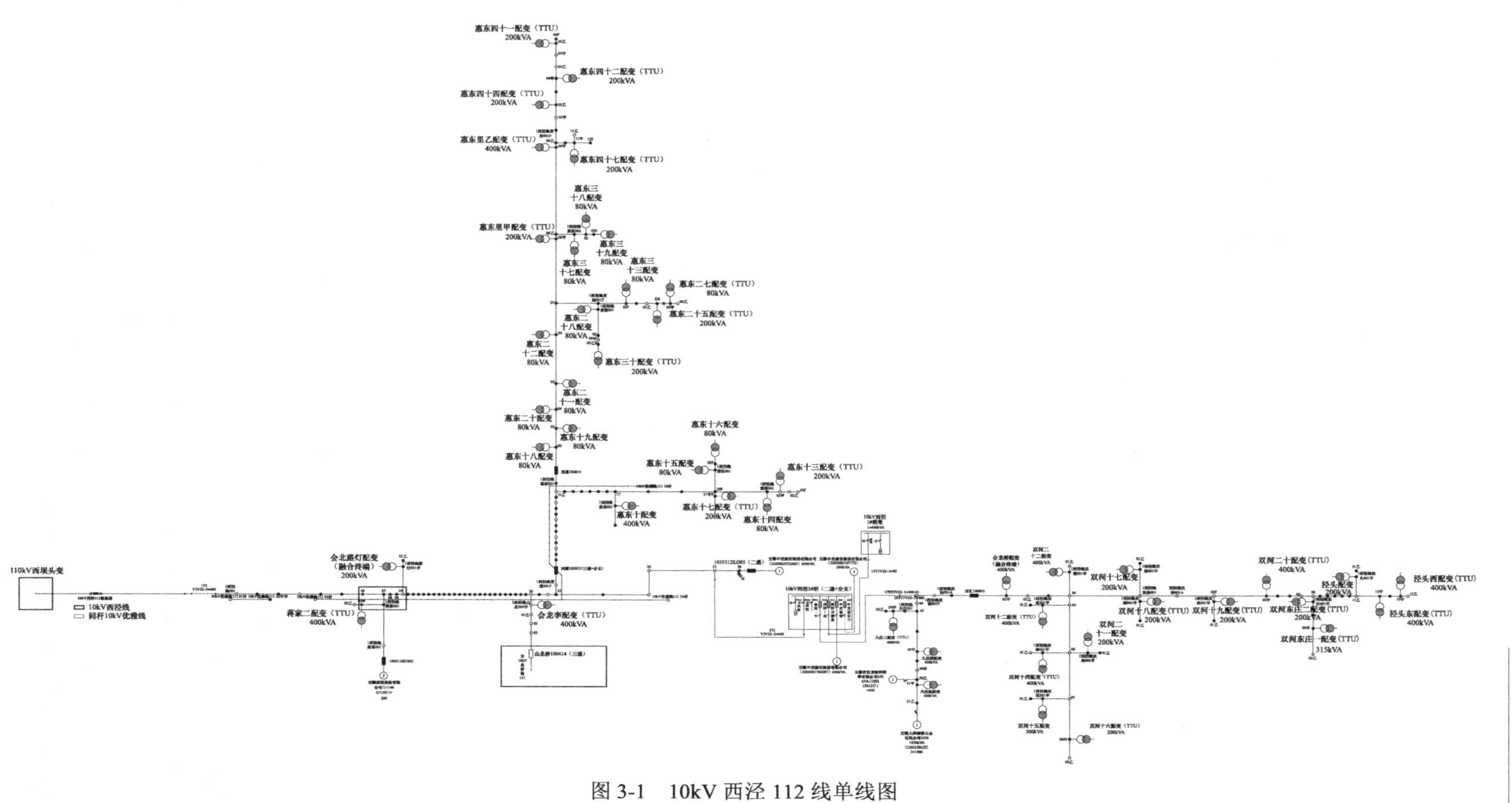

图 3-1 10kV 西泾 112 线单线图

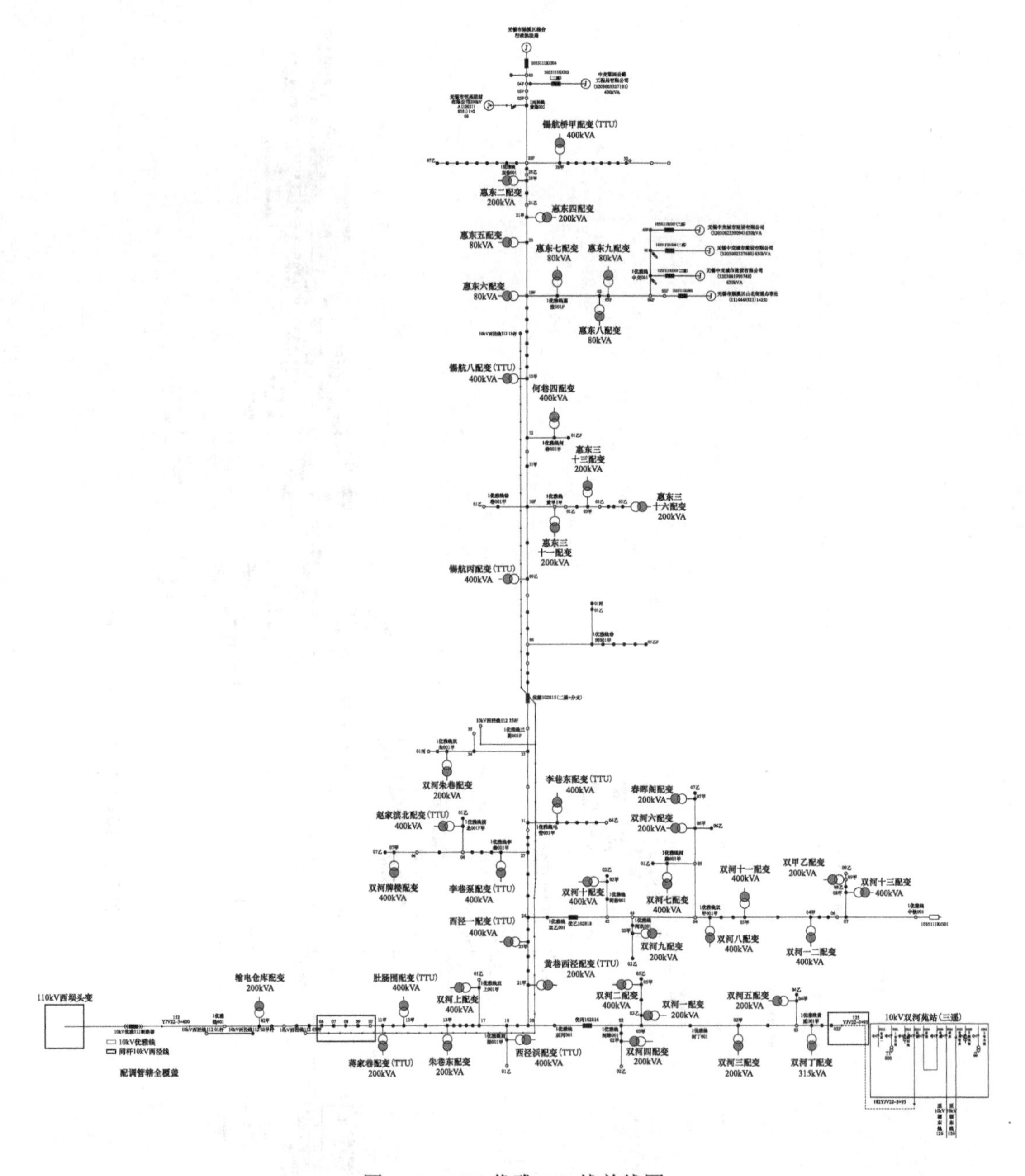

图 3-2　10kV 优雅 111 线单线图

（2）运行单位对新上环网柜、电缆验收合格后汇报配调，新上环网柜内所有开关分闸，接地开关拉开，设备移交调度管辖。

（3）运行单位申请 10kV 西泾 112 线、优雅 111 线重合闸停用后，许可第一阶段带电作业施工，将 10kV 西泾 112 线 2 号柜进线电缆、西泾 2 号柜西泾 1 环出线电缆分别带电搭接至西泾 112 线 6 号、10 号杆。将 10kV 优雅 111 线 1 号柜进线电缆、优雅 1 号柜优雅 1 环出线电缆分别带电搭接至优雅线 6 号、10 号杆。

（4）搭接完毕后，运行人员向配调汇报，并根据配调指令对环网柜进行操作送电。西泾2号柜西泾212开关合闸，在西泾1环212A开关处核相正确。优雅1号柜优雅211开关合闸，在优雅1环211A开关处核相正确。西泾2号柜西泾1环212A开关合闸，优雅1号柜优雅1环211A开关合闸。此时10kV西泾112线6号～10号杆间架空线路与西泾2号柜并列运行。10kV优雅111线6号～10号杆间架空线路与优雅1号柜并列运行。

（5）作业人员使用仪器仪表测量，确认并列运行后，运行单位许可带电作业拆头。完成10kV西泾112线7号杆、10号杆带电拆头、拆线；10kV优雅111线7号杆、10号杆带电拆头、拆线。图3-3为10kV西泾112线施工简图，图3-4 10kV优雅111线施工简图。

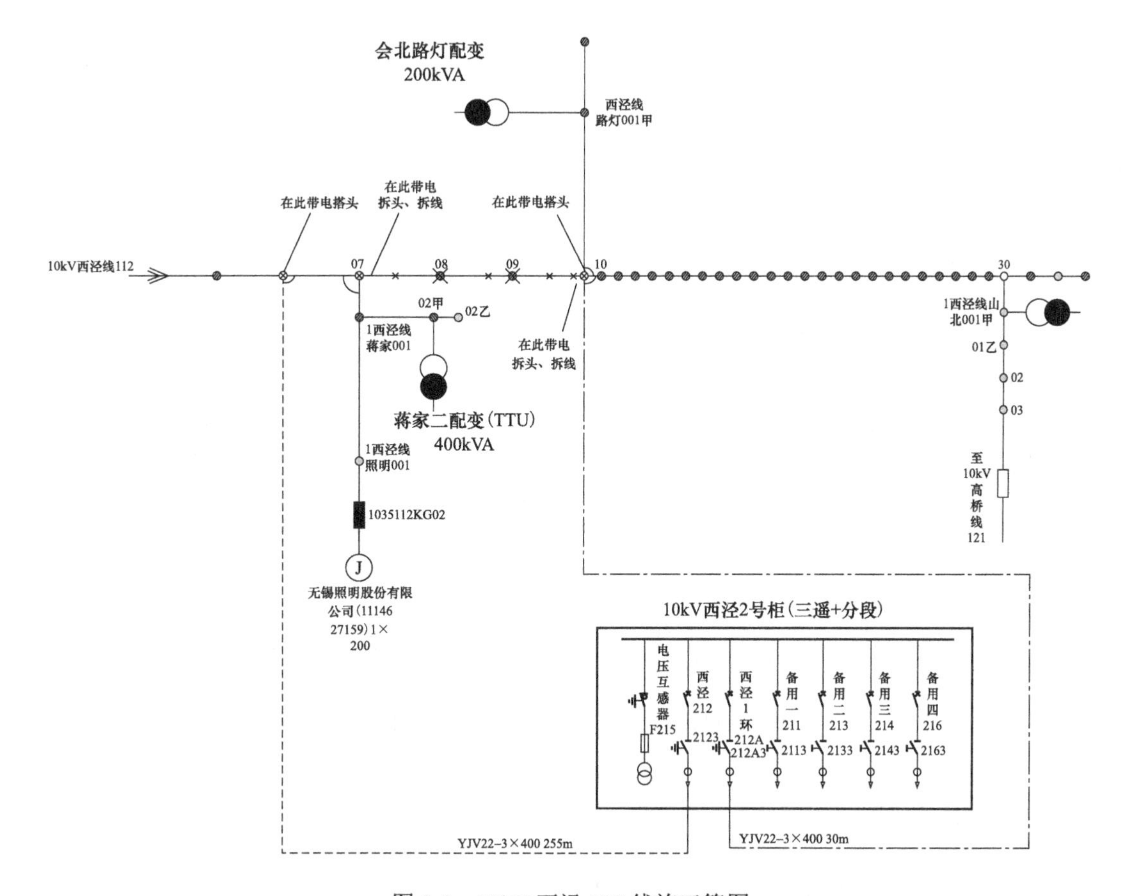

图3-3 10kV西泾112线施工简图

通过多次作业方案优化，选择工程电缆+环网柜的旁路构建方式，且双回路旁路作业同步进行，有效避免了配电网主干线旁路作业柔性电缆额定电流不足的问题，实现完全不停电的情况下完成西泾、优雅线同杆双回路主干线入地，新上环网柜工程，共减少735个时户数，保障了惠东里小区、双河新村等5633个用户的正常用电。为城市建设中配电网建设改造提供了更优的施工方案，拓宽了旁路作业的思路，具有较好的实践指导意义。

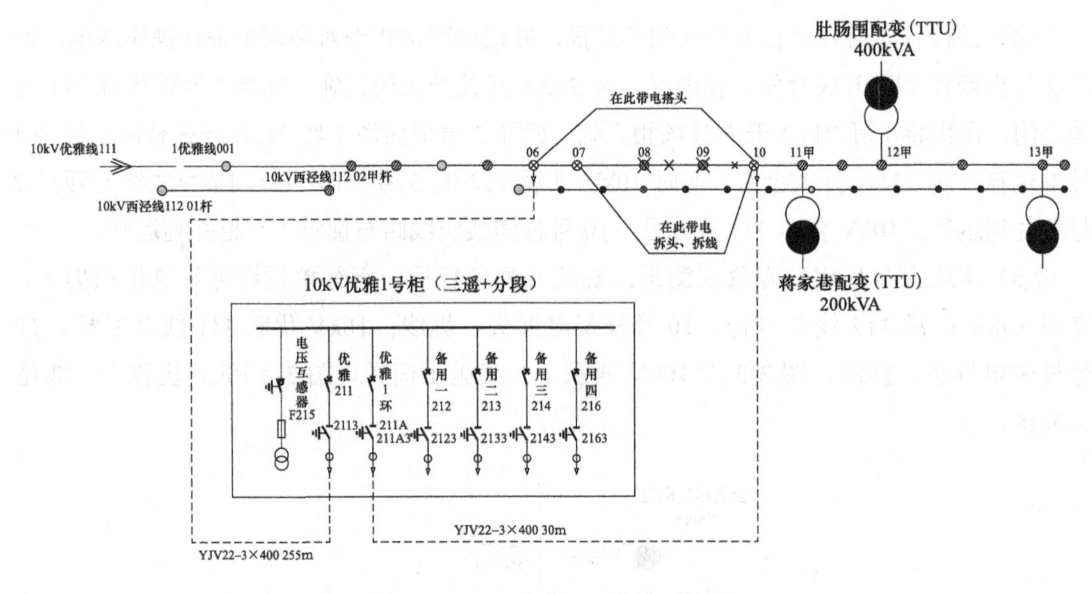

图 3-4　10kV 优雅 111 线施工简图

四、双回路主干线入地、新上环网柜注意点

（1）新建电缆上杆作业应由不停电作业人员完成，将杆塔带电设备进行绝缘遮蔽，遮蔽范围应大于作业人员有可能触及区域 0.4m。

（2）搭接环网柜出线电缆引线时，因通过绝缘电阻表检测，确认电缆引线为空载且电压互感器等退出运行。

（3）带电拆线注意杆塔受力变化，严格按照规范施工，不得采用直接剪断方式进行拆线、落线施工。

第三节　从 10kV 架空线路取电至移动箱式变压器至固定箱式变压器低压侧案例

一、实施背景

某供电公司 10kV 复建一 109 线环网站因事故需要更换，所带的箱式变压器容量 500kVA，包括 170 多户居民及通达电子市场，停电面积较大，而此箱式变压器位置出在居民建筑物封闭区域，无外部电源，环网站更换时间太长。图 3-5 为现场示意图。

二、不停电作业方案确定

为确保最小的停电范围，经现场勘查，因箱式变压器无高压备用开关，决定使用 500kVA 移动箱式变压器车从路边的 10kV 复建一 109 线 12 北 12 号取电，经展放完成的 0.4kV 低压柔性电缆先期向箱式变压器低压总开关供电，以满足附近居民的用电需求，为下一步环网站更换提供有力的时间支撑。

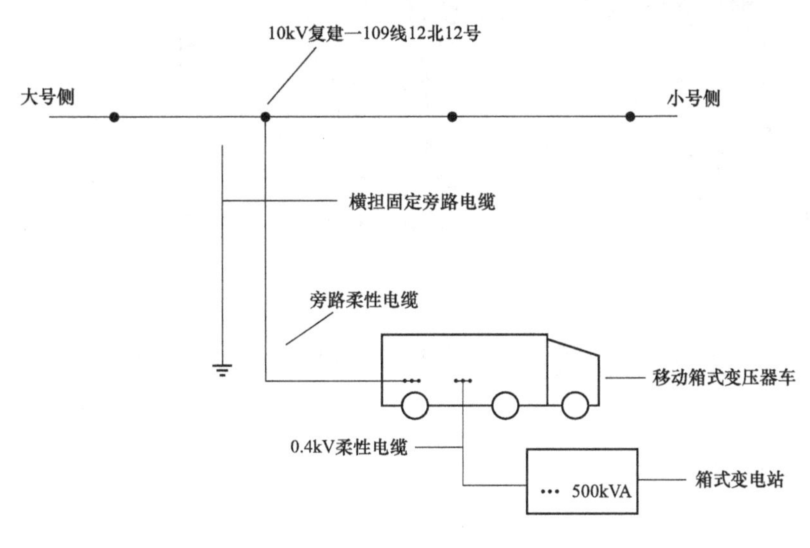

图 3-5 现场示意图

三、不停电作业方案实施和成效

施工当日，检查箱式变压器车具备运行条件，试验合格，箱式变压器车与箱式变压器符合低压并联条件：

（1）变压器变比相等；

（2）连接组别相同；

（3）短路电压相同；

（4）变压器容量是一致的。

检查箱式变压器车高低压开关均在分段位置，敷设高低压柔性电缆完毕，低压柔性电缆出线与待更换箱式变压器低压总开关出线侧有一备用开关连接，此开关为630A，由不停电作业班组将高压侧柔性电缆与10kV复建一109线12北12号杆架空导线有效连接，倒闸操作人员分别合上箱式变压器车高压进线G01号开关，02号至变压器高压开关，此时移动箱式变压器低压侧三相电压指示正常，合上移动箱式变压器低压总开关，合上箱式变压器出线开关，在箱式变压器车低压分路开关处核相；核相正确后，合上箱式变压器车分路开关，检查箱式变压器车与箱式变压器并列运行正常后，拉开箱式变压器低压总开关，拉开箱式变压器高压开关，检测低压三相输出电流300A左右（如图3-6所示），环网站更换对外不停电，此次使用临时移动箱式变压器取电历时2h，更换环网站用了一天时间，在更换环网站的方案制定、运输、前期施工准备期间使用户不失电，大大提高了供电可靠性，也为下一步应急抢修保障方式提供了一次成功的借鉴。

图 3-6 作业现场

第四节 带负荷直线杆档内架空线路改耐张

一、实施背景

某供电公司 10kV 西湖 I127 线 22-4 号杆以后架空线路需要市政迁改，此杆以前小号侧均带有分支线路，不适合直线杆改为耐张杆作业。而此线路二期也需整体迁改入地。故需在直线杆档内将直线改为耐张，为一期线路迁改入地做好前期准备，以此保证此耐张点小号侧架空线路和环网站所带用户不停或少停电，从而提高供电户时数。具体如图 3-7、图 3-8 所示。

图 3-7 10kV 西湖 I127 线 22-4 号杆

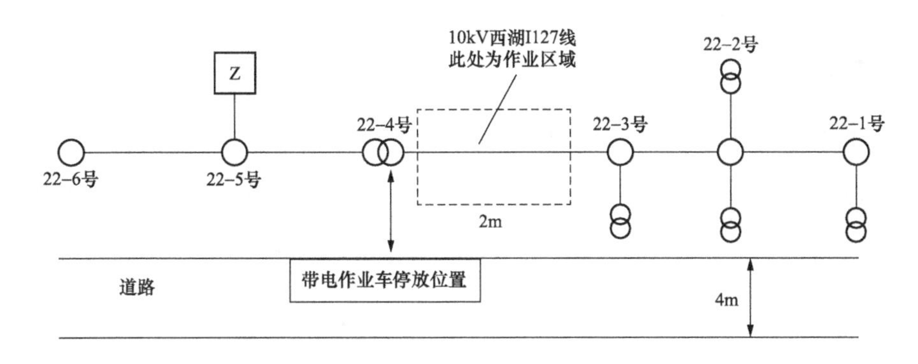

图 3-8 作业现场简图

二、不停电作业方案确定

为确保最小的停电范围，以及停电时户数的影响，在前期对线路进行勘查制定方案时，曾考虑过转供负荷或者不停电作业的方式来减小线路改造对供电可靠性的影响，但由于以下原因未能实施：10kV 西湖 I127 线无有效联络电源，所有分支所带公用变压器均在大型老旧小区内，发电车及带电作业车无法进入，故只有采取分段改造来缩小停电范围。经调阅 10kV 西湖 I127 线 22-4 号杆小号侧所带负荷发现，该分支共有公用变压器 14 台，专用变压器 4 台，在档内直线改耐张，缩小停电范围是完全可行的。

三、不停电作业方案实施和成效

在停电施工前一天，先将西湖一线 22-3 号至 22-4 号档内直线改为耐张（如图 3-9～图 3-12 所示），施工当日再将直线耐张内弓子线断开，后侧迁改顺利完成。检修停电需 8h，供电量测算约 3100kWh，少停 18 个用户，共 144 时户。

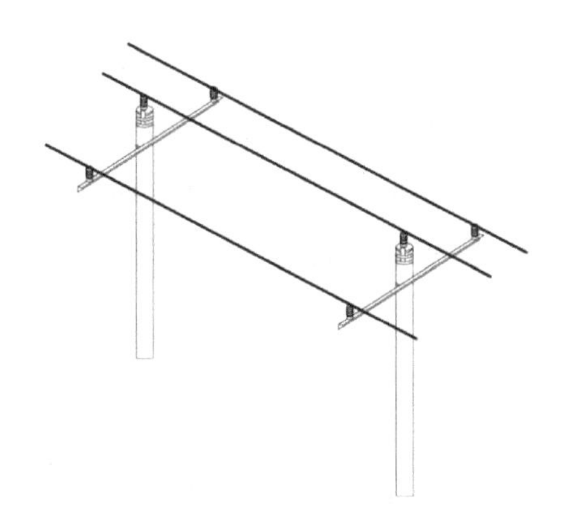

图 3-9 直线杆示例图

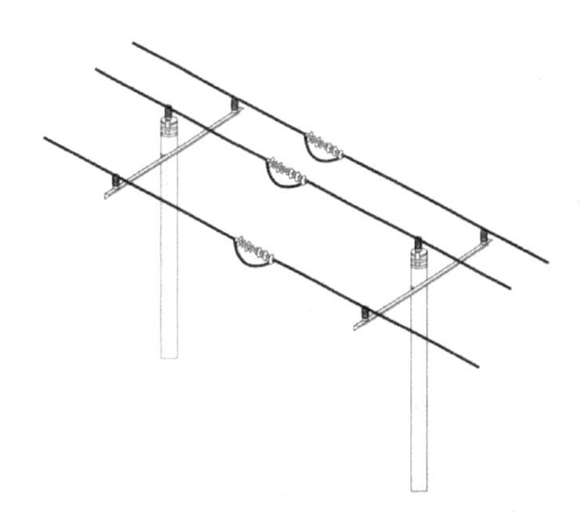

图 3-10 档内直线改耐张示例图

图 3-11　档内直线改耐张现场作业图

图 3-12　档内直线改耐张完成图

第五节　旁路作业法临时新设环网柜（车）联络直线杆双回架空线路

一、实施背景

因某供电公司 10kV 翟犁 120 线 18 分支出线环网柜需要停电检修，而 18 分支所带用户较多，且多为重要用户，而此分支又未设联络开关。经前期现场勘查，决定采用旁路作业法临时新设环网柜（车）联络与同杆架设的翟湖 115 线，选点在翟湖 115 线、翟犁 120 线的 18-7 号杆，此处路段较为宽阔，适合多车辆同时停放。

二、不停电作业方案确定

（1）为避免 10kV 翟犁 120 线 18 杆分支用户失电，采用移动环网柜车及其他旁路设备作为联络开关，使此分支用户临时由 10kV 翟湖 115 线提供负荷。

（2）由不停电作业人员新设临时旁路系统，先将翟犁 120 线 18 分支负荷转移至翟湖 115 线，再将提供负荷的翟犁 120 线环网柜出线至该线路分 1 号开关断开，从而满足翟犁 120 线 18 分支不失电。将调阅 10kV 翟犁 18 分支负荷发现，此分支有公用变压器 4 台，专用变压器 2 台（均为重要用户），分支所测三相电流均在 14A 左右，根据近期负荷计算得两条线路的合环电流在 170A 左右，使用移动开关车作为两条线路的临时联络开关是完全可行的，如图 3-13 所示。

三、不停电作业方案实施和成效

施工当日，将两条线路分别同相接入移动环网柜（车）1 号进线柜、2 号出线柜，核相完成，合上 1 号、2 号出线开关（此时两开关作为两条线路联络使用），检测合环电流为 203A，如图 3-14 所示。

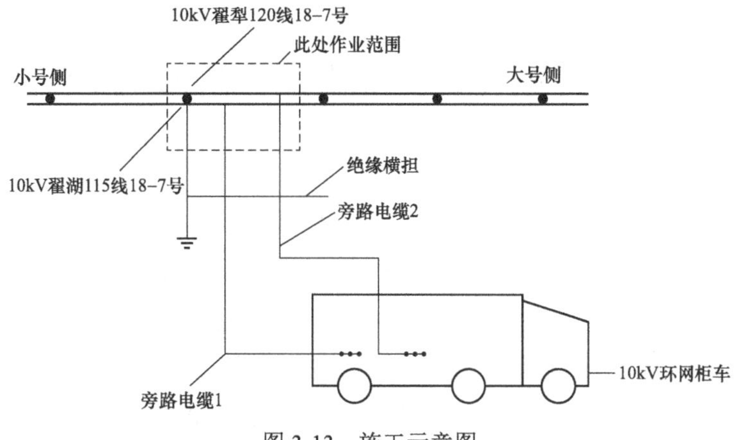

图 3-13 施工示意图

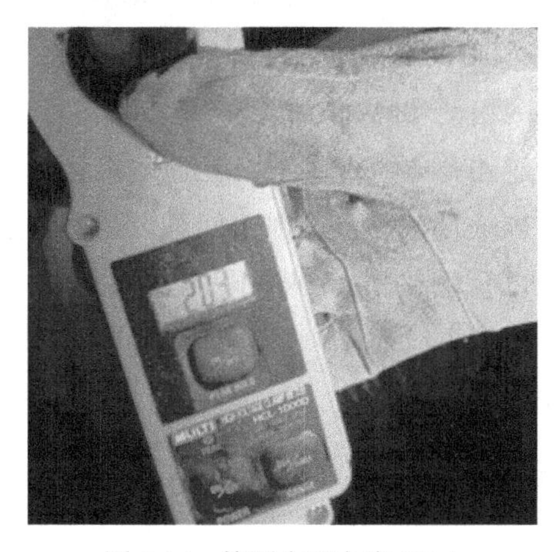

图 3-14 检测合环电流 203A

拉开翟犁 120 线分 1 号开关，此时检测负荷电流为 11A。

检修工作结束后，先合上翟犁 120 线分 1 号开关，此时检测合环电流为 199A（图 3-15）。分别断开环网柜（车）1 号、2 号开关，此时联络开关完全退出。线路全线负荷正常，停电检修工作历时 11h，少停用户 6 个，共计 66 户时。

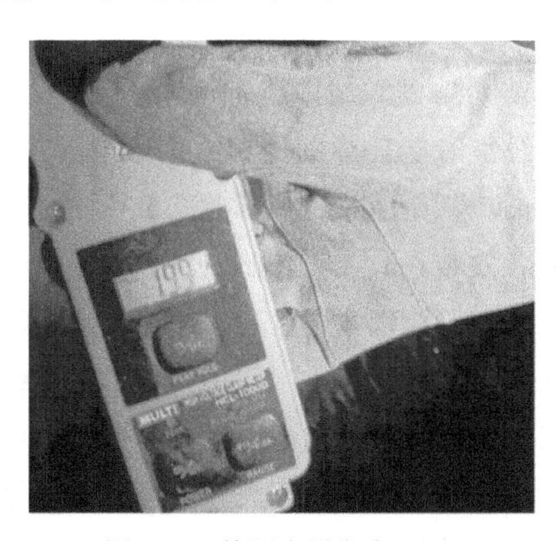

图 3-15 检测合环电流 199A

第六节　多次不停电作业实现支线杆线入地零停电时户数

一、实施背景

某公司 10kV 华清 G66 线华清支三 1～5 号杆缘层破损，杆塔存在严重老化倾斜，水平距离不满足安全运行要求，严重影响供电安全，需考虑改为电缆入地。本工程拆除 10kV 华清 G66 线华清支三 1～5 号杆架空线路，新建 10kV 华清 G66 线华清支三 1 号环网箱（二进四出）1 台，新建双回钢管杆 1 基，改电缆入地。在原 10kV 华清 G66 线华清支三 1 号钢管杆处，沿着朝阳路南侧（离朝阳路路牙 8m）向西新建 4 孔电缆管道 48m 和 6 孔电缆管道 136m，至新建 10kV 华清 G66 线华清支三 1 号环网箱（二进四出）1 台；原 G66017 电缆搭接新敷设电缆至此环网箱，10kV 华清 G66 线华清支三 1 号环网箱（二进四出）沿着朝阳路向西穿过诚意路新建 4 孔电缆管道 55m 至新建钢管杆；10kV 华清 G66 线华清支三 1 号环网箱（二进四出）出 3 回线路，其中 1 回至天鹏锂电池临时变，1 回线单线图为 10kV 北阳 G92 线 7～8 号杆（现场铭牌：10kV 南二 159 线枚皋支 7～8 号杆）接通，余下 1 回线路穿过诚意路至新建钢管电缆上杆。新建钢管杆电缆下杆与城南水利站变压器原电缆接通。进一步提高供电安全性、可靠性。

二、不停电作业方案确定

10kV 华清 G66 线华清支三有 11 个用户，其中该地区重点招商引资项目天鹏锂电池临时变电站也由该线路供电，为优化营商环境，减少对重要用户影响，决定采用带电组立钢管塔、直线改耐张、联络电缆并列运行、中低压发电车临时供电等综合不停电作业将停电时户数降为零。

三、不停电作业实施方案和成效

图 3-16 所示为 10kV 华清 G66 线单线图。

（1）在 10kV 华清 G66 线华清支三 5～6 号杆之间带电新立钢管塔，现场为单回路、三角形排列，绝缘导线。在 10kV 华清 G66 线华清支三 5 号杆处有用户设备搭接点。经现场勘察决定在新立钢管塔两侧各安装 6m 绝缘遮蔽，使用长 3m 绝缘护管，作业点两侧 3m 范围内绝缘护管外加绝缘毯包裹，绝缘毯多层包裹。导线绝缘遮蔽完成后，使用吊车配合将绝缘导线牵引至安全距离之外。组立钢管塔位于 10kV 华清 G66 线华清支三 5～6 号杆之间，10kV 华清 G66 线华清支三 5 号杆有泵站电源搭接点，需使用绝缘毯等绝缘遮蔽用具进行绝缘遮蔽。10kV 华清 G66 线华清支三 6 号杆大号侧有已经拆除的搭接点，需进行绝缘遮蔽，防止作业过程扎线松动，引发相间短路。图 3-17 为华清 G66 线现场组立钢管塔。

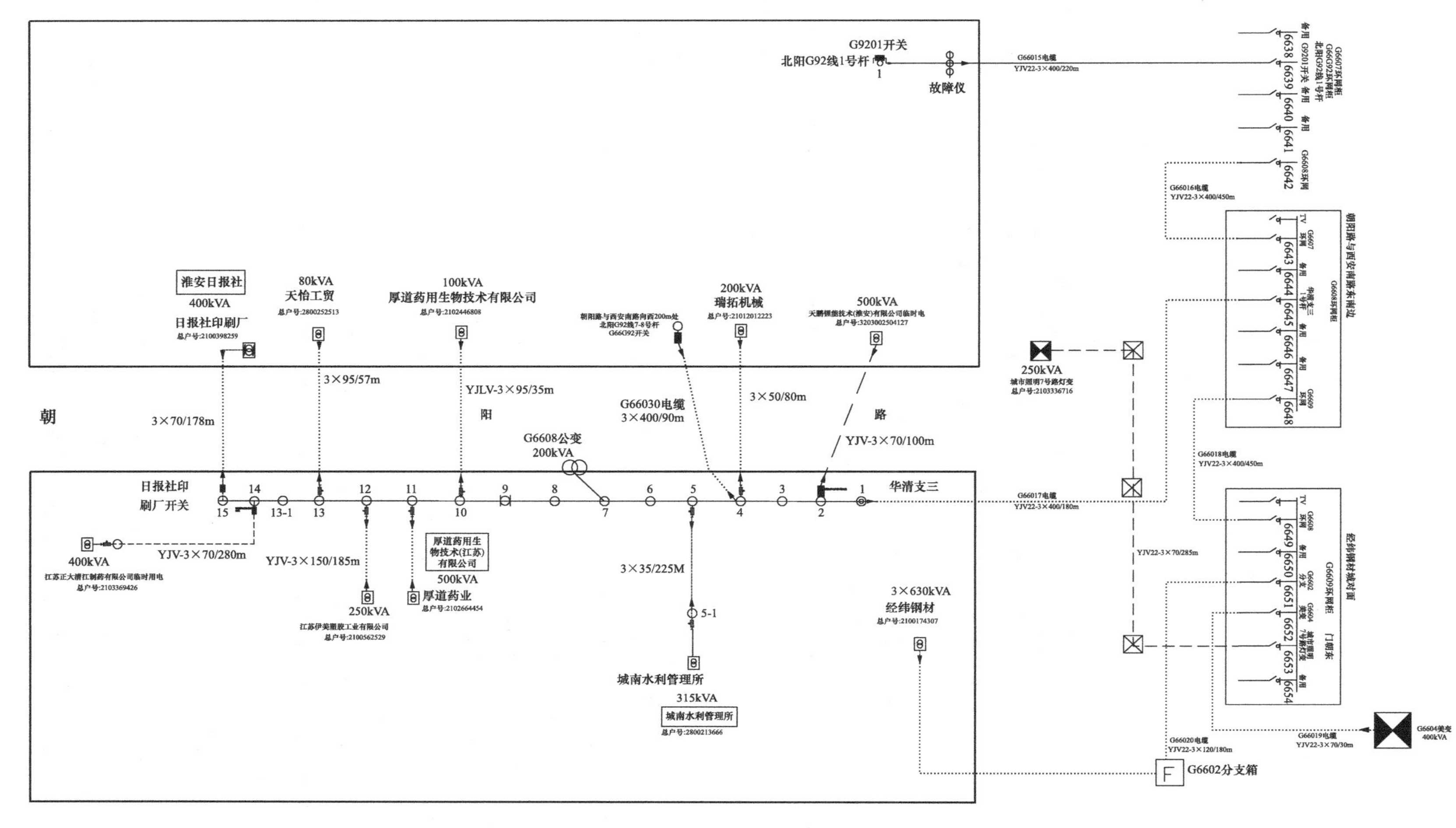

图 3-16 10kV 华清 G66 线单线图

图 3-17　10kV 华清 G66 线现场组立钢管塔

（2）10kV 华清 G66 线华清支三 5～6 号杆之间新立钢管塔带电直线改耐张、电缆搭头；10kV 华清 G66 线新建 G6613 环网箱内至华清支三 5 号杆新出线电缆搭接，该电缆为 10kV 北阳 G92 线 7～8 号杆（现场铭牌：10kV 南二 159 线枚皋支 7～8 号杆）与华清线联络电缆，应注意核对相位。10kV 华清 G66 线华清支三 4 号杆拆除电缆头，拆头前应确认电缆为空载。

（3）合上 10kV 华清 G66 线新建 G6613 环网箱内至华清支三 5 号杆的 6683 开关，合上华清支三 5～6 号杆之间新立钢管塔柱上开关，操作前应确认相位正常。拉开 10kV 华清 G66 线华清支三 1 号杆电源开关，此时 10kV 华清 G66 线华清支三由 10kV 北阳 G92 线（现场铭牌：10kV 南二 159 线）进行供电。

（4）使用中低压发电车对 10kV 华清 G66 线华清支三 1～5 号杆用户进行保供电。将 10kV 华清 G66 线华清支三 1～5 号用户切割至 10kV 华清 G66 线新建 G6613 环网箱内。

（5）断开 10kV 华清 G66 线华清支三 5～6 号杆之间新立钢管塔耐张引线。配合拆除断开 10kV 华清 G66 线华清支三 1～5 线路。

通过多次、多组综合不停电作业，将该工程停电时户数减少为零，有效避免支线 11 个用户停电，减少 66 个停电时户数，提高供电可靠性。并拓展不停电组立钢管塔新项目，提升作业能力。

四、注意点

（1）带电组立钢管塔。该场景为单回路，相间距离小，且新立钢管塔两侧有裸露搭接点，且新钢管塔为双回路杆塔，塔身结构复杂，施工难度较大。作业时需将两侧裸露搭接点进行绝缘遮蔽，防止意外晃动造成相间短路。钢管塔身较大，不易使用由上而下立塔方式，易使用由下而上立塔方式，并对塔身、吊车可靠接地。

（2）断接空载电缆引线，应通过现场复勘、仪器仪表测量等方式确认为空载电缆引线，作业时作业人员应带护目镜，易使用斗内绝缘杆作业法，作业人员不和带电体接触，远离断接点。

（3）耐张引线固定应符合施工规范要求，防止发生跑线事故。

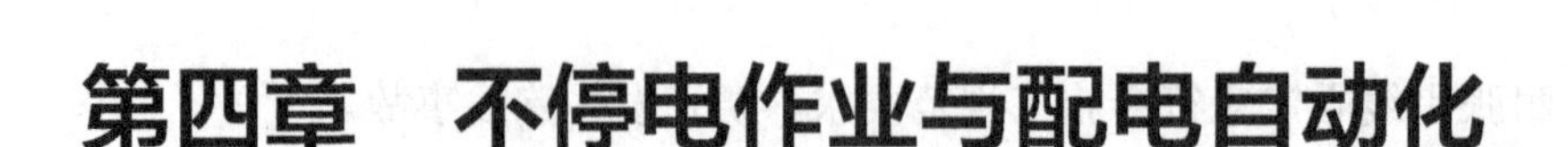

第四章　不停电作业与配电自动化

本章概述

本章通过阐述国内的新型一、二次融合式柱上开关的构成及安装标准，分析了带电安装新型柱上开关的设置要求，总结了作业实施过程中的关键点。

学习目标

1. 熟悉新型一、二次融合式柱上开关的结构和特点；
2. 熟练掌握带电安装新型一、二次融合式柱上开关的设置条件和安装要求。

第一节　配电自动化设备应用

配电网自动化是智能配电网建设的重要内容，是实现配电网调度、监视、控制的重要手段。尽管配电网自动化系统的监控对象多，主要涉及的电网一次设备即开关（含环网柜）及变压器。对应上述设备进行数据采集、监测或控制的终端为馈线自动化终端（Feeder Terminal Unit，FTU）、开关站数据传输单元（Data Transfer Unit，DTU）。

一、新型一、二次融合式柱上开关

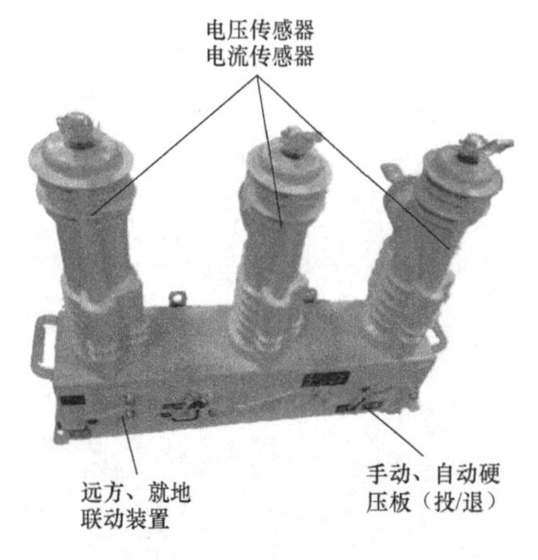

图 4-1　开关本体 1

一、二次融合标准化柱上开关由开关本体、馈线终端、电源电压互感器、电压互感器/传感器、电流互感器/传感器、连接电缆等构成，开关本体如图 4-1 所示。

开关本体（图 4-2）、馈线终端、电源电压互感器之间采用军品级航空接插件，通过户外型全绝缘电缆连接。暴露在空气中的航空插座必须采用密封材料对金属导体进行密封，提高其抗凝露性能。电缆上接电源电压互感器的电缆破口需做防雨水浸入处理，安装时做上 U 型固定。电缆控制器侧要做下 U 型固定，防止雨水顺电缆灌入插头。具备采集三相电流、零序电流、三相相电压或开关两侧各一个线电压、零序电压的能力，满足计算有功功率、无功功率，功率因数、频率和电能量采集的功能。

新型一、二次融合式柱上开关特点如下。

（1）设备坚固耐用：解决户外设备密封性问题；解决操作机构与电源系统匹配问题；解决终端可靠取电及后备电源维护问题；解决一、二次设备接口兼容性和抖动问题。

（2）设备小型轻便化：可单杆安装，在架空线柱上开关产品中占有极大优势。

二、常规组合式自动化柱上断路器

常规组合式自动化柱上断路器，由柱上断路器、电压互感器、连接线缆等组成。由于分立元器件多，电杆上安装占用空间大、各元器件的电气距离较一、二次融合式柱上断路器要小。常规安装方式如图 4-3～图 4-6 所示。

图 4-2 开关本体 2

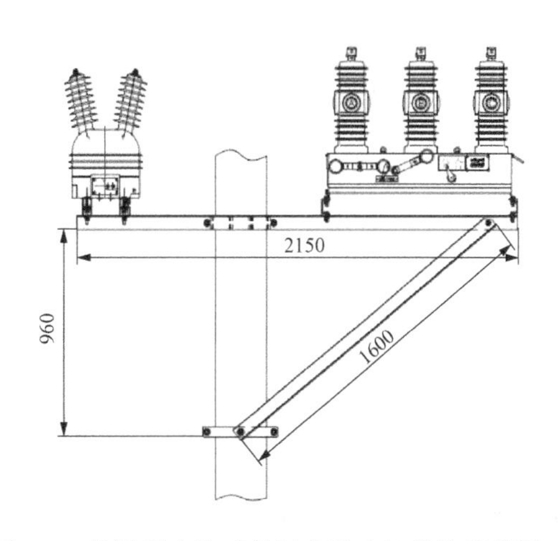

图 4-3　普通型支柱式单杆安装支架结构示意图 1

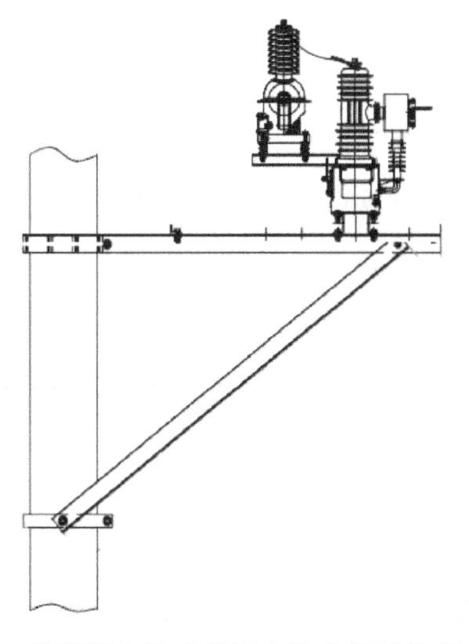

图 4-4　普通型支柱式单杆安装支架结构示意图 2

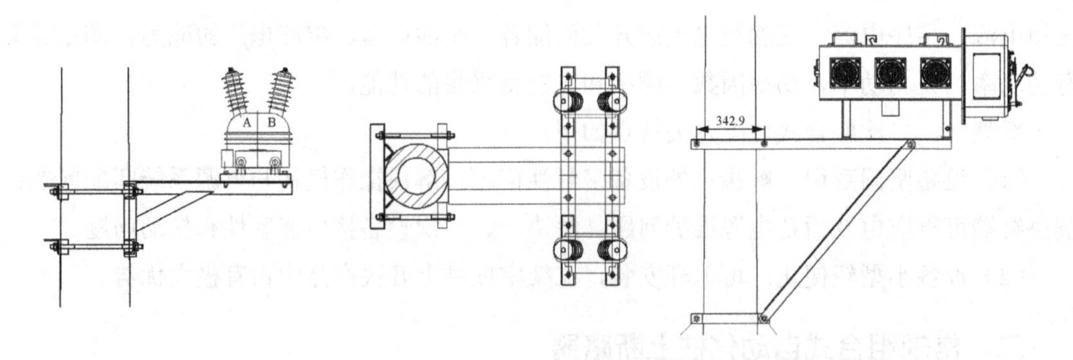

图 4-5　单杆坐式（开关及供电电压互感器）安装示意图

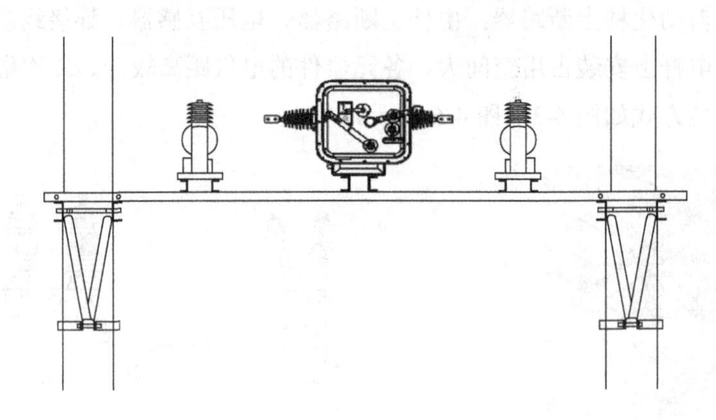

图 4-6　双杆坐式安装示意图

三、电源电压互感器

分段/联络开关外置 2 台电磁式电源电压互感器，变电站出线首台开关 2 台电压互感器都应装在电源侧，其余分段及联络开关安装在开关两侧。电磁式电压互感器应采用双绕组，为成套设备提供工作电源和线路电压信号。

分界开关外置 1 台电磁式电源电压互感器安装在电源侧。电磁式电压互感器应采用双绕组，为成套设备提供工作电源和线路电压信号。

互感器采用户外环氧树脂、硅橡胶或其他性能优异的憎水性绝缘材料，绕线为漆包铜线，铁芯为硅钢，接线端子为黄铜材质，一体浇注成型。

第二节　柱上智能开关带电安装

一、安装要求

柱上智能开关安装前应确认性能良好，绝缘测试合格，开关所有功能调试工作全部完成。柱上智能开关安装时应注意航空头蓝色点对应插接，并连接到位，卡环插到卡扣里，终端连接处预留电缆弧度以防雨水渗入。若需对安装好的柱上智能开关进行分合闸操作，应统一使用绝缘操作杆。开关本体外壳及二次回路、智能控制器接地线必须可靠接地，接地电阻不大于 10Ω。

二、柱上智能开关的设置

带负荷安装开关的装置性条件有三个。

（1）线路重合闸装置已退出，包括有可能重合到作业地点的保护均应退出。

（2）柱上开关的跳闸回路已闭锁。闭锁柱上开关跳闸回路的步骤有：将控制箱面板上的控制方式选择开关从“远程”切换到“就地”（如有自锁功能，优先至自锁），将控制面板上跳闸回路“切换连接片”切换到“退出”位置；将控制箱内交流、直流操作电源的开关切换到“断开”位置。

（3）为避免带负荷断、接引线，对于电磁型电压互感器应退出。

第五章　配网不停电作业新技术

本章概述

本章通过阐述国内外带电作业机器人的发展，分析了目前配电网带电作业机器人的研究及应用水平，展示了人工智能在电力系统特别是配电网领域的特殊优势，对今后配网不停电作业机器代人、无人化、5G技术等新技术、新方法的应用前景进行了描述。

学习目标

1. 熟悉并了解配网带电作业机器人的发展过程及现状和趋势；
2. 熟悉并了解人工智能在不停电作业方面的技术优势；
3. 熟练掌握配网带电作业机器人的技术原理和作业方法。

第一节　带电作业机器人概述

随着社会经济和科技的发展，生产自动化水平不断提高，机器人在现代生产生活中的地位越来越重要，特别是在一些危险系数高、劳动强度大的场合。

采用机器人进行带电作业，作业人员可远程遥控机器人，机器人控制信号由无线或光纤传输，可保证作业人员远离带电体。对于一些需要精确定位的操作，如断、接隔离开关、跌落式熔断器及避雷器等设备上端引线、安装接地环等，则由机器人采用多传感器环境感知、实时场景激光扫描建模精准识别技术自主完成。机器人采用绝缘支撑及连接装置、绝缘夹持装置等多级绝缘防护措施，可保证带电作业机器人系统、作业人员和带电设备的绝缘安全。

采用机器人完成带电作业，不仅可以将工作人员从危险的、繁重的、精神紧张的工作中解放出来，有效避免带电作业时人员伤亡事故的发生，使带电作业更加安全，提高作业效率，降低劳动强度；同时还可以提高电网的运行质量，进一步减少供电系统的人员投入，降低人员成本，具有巨大的经济效益和社会效益。

一、配网带电作业机器人应用的核心技术概述

人的成长成才离不开技能的学习，机器人也同样需要具备相应的技能才能够成做到“人尽其才，物尽其用”。配网带电作业机器人也同样可以应用诸如深度学习算法等人工智能的相关技术，例如：

1. 多传感器融合的目标检测与定位技术

配网带电作业机器人基于激光雷达与相机信息进行多传感器融合，利用计算机视觉技术在选取图像的基础上完成目标检测，进一步匹配图像与激光雷达测量信息，最终实现对导线的毫米级识别定位。配网带电作业机器人由以视觉与激光雷达传感器为主感知系统和以位移等传感器为辅助感知系统构成，各个传感器数据源除了保证空间上的对准外，还需要进行时间上的融合处理，因此对数据的融合提出了更高的要求。

2. 多级绝缘防护技术

多级绝缘防护技术为机器人提供全方位保护机械臂绝缘外壳、绝缘安全部件、机器人本体绝缘防护外壳等的开发，实现了立体防护能力，确保机器人带电作业安全。搭建了带电作业机器人电磁兼容实验测试平台，并进行了实验。

3. 机械臂协同作业运动规划技术

机械臂协同作业运动规划技术让机器人“手脑协调”，尤其是双臂机器人的协调避障运动规划问题是避障路径规划在机器人领域应用的一个实例。双臂机器人不仅仅是两个单臂机器人的简单组合，双臂机器人与两个单臂机器人组合的区别在于双臂机器人应具备两个操作臂之间的双臂协调控制，且需在一个控制系统中同时实现对两个操作臂的控制规划。两个操作臂之间由同一个连接来实现两臂之间的物理耦合，它们的运动轨迹由一个控制器来进行控制规划，规划出其中一个手臂无碰运动轨迹，由两个操作臂之间约束关系可对另一个手臂进行相应的轨迹规划，从而实现双臂之间的协调操作。这样一来，机器人就可以像大脑一样主动规划作业路径，高效完成工作任务。

二、带电作业机器人作业分类

带电作业机器人作业大致分为两类：一类是操作人员在高空作业，以绝缘斗作为保护装置，操作人员通过手柄控制机械手；另一类是操作人员在地面对从机械手进行遥控操作。对于前者，操作人员在高空作业可直接观察机械手的作业场景，降低了操作的难度；而对于后者，操作人员在地面操作，可以远离带电线路，没有触电和高空跌落的危险，但是远离作业现场，影响了工作效率和准确度。随着机器视觉技术的发展，基于视觉的遥操作机器人的作业方式越来越受到推崇。

三、带电作业机械手驱动方式

机械手常用的驱动方式有液压驱动和电机驱动。液压驱动动力性能好、传动功率密度

大，可以实现精确的位置控制和力控制等，但是需要专门的液压油泵；电机驱动是目前工业机器人领域最常用的驱动方式，如永磁同步电机具有功率密度大、响应速度快、机械特性好、可控性强等优点，在工业机械手关节驱动方面得到广泛应用，但是电驱动机械手对电磁屏蔽有较高要求。国内外带电作业机械手的最新研究成果表明，在高压线路带电维护的应用场合，液压机械手的电气绝缘性能优于电驱动机械手。机械手臂控制技术如图 5-1 所示。

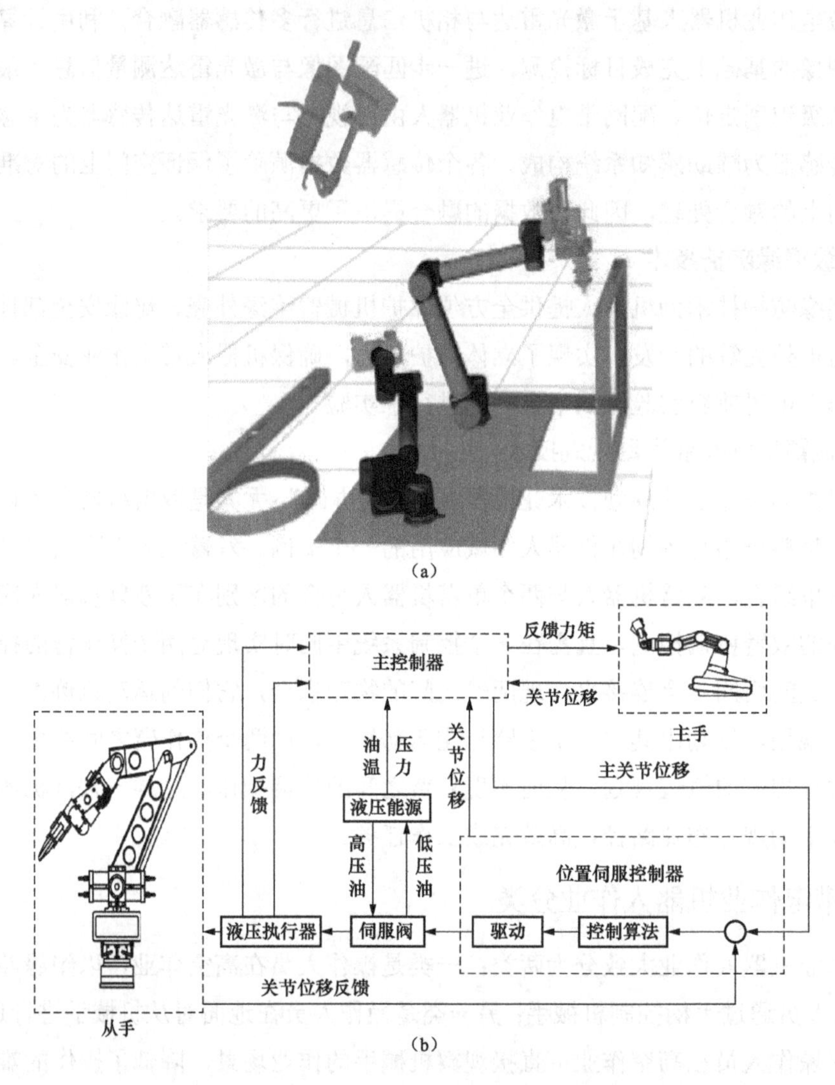

图 5-1　机器手臂控制技术

（a）模拟结构；（b）控制流程

四、升降系统

升降系统为移动升降平台，包括移动车体、升降机构和作业平台。升降机构安装在移动车体上，能够将作业平台推举到相应的作业位置；作业平台安装在升降机构上，可为机器人带电作业提供支撑，具有自调平功能。图 5-2 为机器人升降系统示意图。

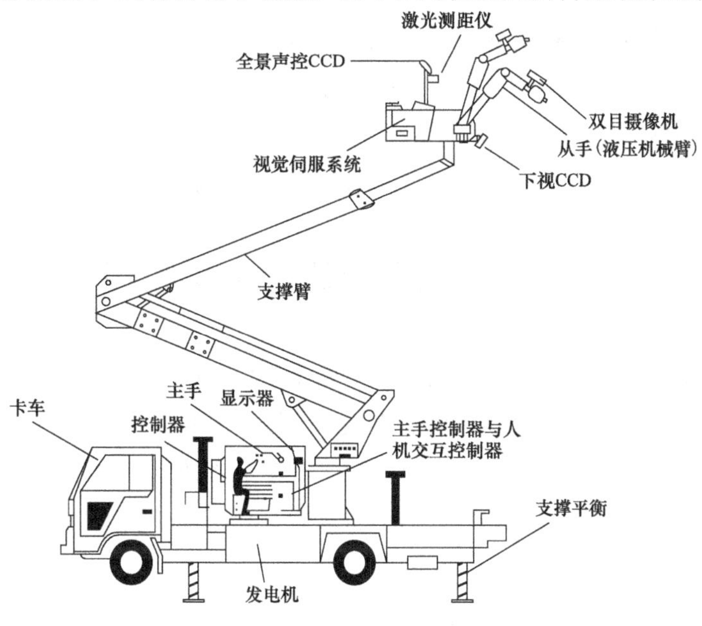

图 5-2　机器人升降系统示意图

五、专用作业工具

针对配合带电作业机器人不同的作业项目开发专用的智能末端作业工具，比如绝缘夹持工具、全线径智能剥线工具（图 5-3）、线夹安装工具、断线工具、电动扳手等。具备这样的“巧手”，带电作业机器人终可代替人工为配电网做“微创手术”。这些带电作业特种工器具通常采用电机和液压两种驱动方式。电机驱动方式容易控制、误差较小、反应敏捷，但是在进行带电作业时，需要考虑复杂的绝缘问题。液压驱动方式结构紧凑、重量轻且液压油不导电，绝缘方面不需要过多的考虑。在现场进行带电作业任务时，需要根据具体作业情况，选取相应的工器具。

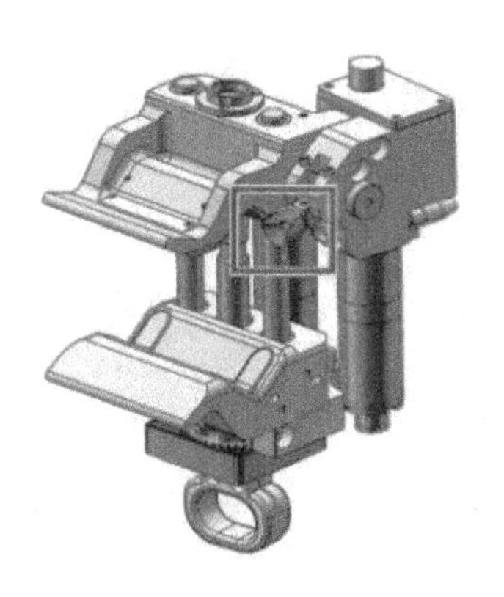

图 5-3　电动剥皮器示例图

六、绝缘防护系统

绝缘防护措施是带电作业机器人能否完成带电作业工作的关键，为保证作业人员的安全，系统采用光纤和无线通信结合的方式，操作人员远程遥控机器人作业，这使操作人员与高压设备完全隔离。带电作业机器人系统采用机械臂与工器具夹持部位间绝缘杆绝缘(有效绝缘长度满足带电作业安全距离要求)、机械臂外壳绝缘、工器具前端绝缘等多级绝缘。

第二节　国内外研究水平综述

20 世纪 80 年代初期，西方发达国家已开始带电作业机器人的研究工作。随着传感器技术和自动化技术的发展，带电作业机器人技术也取得了长足进步。当前国内外带电作业机器人的研究应用可分为主从控制、半自主控制和全自主控制三个阶段，其中全自主控制机器人能实现三维环境建模以及机器臂运动轨迹规划和精确控制，具有较高的智能化水平，是未来的主要发展方向。

一、国外带电作业机器人研发及应用现状

国外对输电线路维护的带电作业机器人的研发已有约 30 年的历史，形成了三代带电作业机器人（图 5-4）。第一代为主从操纵式机器人，典型代表有日本爱知公司开发的 6.6kV 的配电系统带电作业机器人，采用双臂结构，液压驱动，每个臂有 6 个自由度，操作人员在绝缘斗内完成操纵任务；第二代为半自动机器人，典型代表为西班牙研制的 69kV 及以下电压等级带电作业机器人，采用了视觉定位和图像处理技术，工器具自动交换装置，增加了三自由度的“辅助手”，两个带电作业的从机械手均为 7 自由度，液压驱动，操作人员在地面控制室中对从机器人进行遥控；第三代为全自动机器人，典型代表有日本九州电力株式会社的 Phase Ⅲ产品，它不仅具有决策和控制的能力，而且还能够完成对环境的三维识别，智能化程度较高。

图 5-4　国外早期带电作业机器人（一）

图 5-4　国外早期带电作业机器人（二）

此外，加拿大电力研究院和法国电力公司也开展了输电线维护的带电作业机器人的研发工作，采用具有力反馈的主从式液压机械臂，融合了力觉临场感、立体视觉、三维环境重构以及视觉伺服等技术，使操作者能够感知环境，提高了操作的灵活性和准确性。

二、国内带电作业机器人的研发及应用现状

20 世纪 90 年代初，我国多个电力部门和科研单位就提出研制带电作业机器人，但由于当时许多条件不具备，该项技术研究未能进一步开展。随着科技的发展，以及人们对配电可靠性和带电作业安全性要求的不断提高，研发具有我国自主知识产权的带电作业机器人的条件逐步成熟，我国经历了三个阶段的研究工作。

第一阶段：山东电力研究院、山东鲁能智能技术公司是国内较早开展高压带电作业机器人研制的单位，最初研制的带电作业机器人通过手持终端控制机械手进行作业，操控性较弱。

第二阶段：进一步改进后，操作人员可通过主手和键盘控制从机械臂运动，实现主从式控制，但是由于机械臂采用电机驱动，控制柜内接线复杂，并且从机械臂末端不能承受较大的负荷，同时由于机械手自身重量大，不适合安装在绝缘斗臂车上进行高空作业。

第三阶段：带电作业机器人采用两个液压机械臂，具有自重轻、持重大的特点。但由于机械臂无力反馈功能，操作者无法感知作业环境，机器人的作业内容与作业效率受到很大限制。同时，因双臂协调控制等方面的功能尚不完善，还不能自主地完成精细复杂的工作，未能真正实现工程化应用。

2020 年，在经过电网人十多年不断的探索、改进、完善后，人工智能配电网带电作业机器人第四代产品投入使用，运用了三维环境重建、视觉识别、运动控制等核心科技，首创应用于线缆识别定位的多传感器融合技术，首次提出基于深度学习的双臂机器人带电接引流线作业的路径规划算法，自主研发出适用于带电作业机器人的末端执行工具，实现机器人自主识别引线位置，抓取引线，完成剥线、穿线和搭火等工作，有效杜绝传统人工带

电作业的人身安全风险，大幅降低劳动强度，提升作业质量。随着带电作业机器人在实际现场大量参与工作，作业类型得到不断开发应用。

（1）带电作业机器人类型：双臂自主式（图 5-5）、单臂人机协同式（图 5-6）、双臂人机协同式。

图 5-5　双臂自主式机器人示意图

图 5-6　单臂人机协同式机器人示意图

（2）带电作业机器人升降平台：履带式绝缘斗臂车（图 5-7）、轮式绝缘斗臂车（图 5-8）。

图 5-7　履带式绝缘斗臂车示意图

图 5-8　轮式绝缘斗臂车示意图

（3）带电作业机器人作业项目：带电断引线（图 5-9）、带电接引线、安装接地环（图 5-10）、安装驱鸟器（图 5-11）、安装故障指示仪（图 5-12）、安装警示牌、修剪树枝等。

图 5-9　带电断引线

图 5-10　安装接地环

图 5-11　安装驱鸟器

图 5-12　安装故障指示仪

（4）带电作业机器人作业场景：单回路三角形排列（图 5-13）、单回路水平排列、单回路支线垂直于主线、双回路垂直排列、双回路三角形排列（图 5-14）等。

图 5-13　单回路三角形排列示意图

图 5-14　双回路三角形排列示意图

第三节　带电作业机器人技术应用及发展展望

一、机器人自主学习技术

学习能力是系统智能的先决条件，没有学习能力的系统称不上“智能”这两个字。学习的本质是系统根据过去的经验提高性能。机器学习作为人工智能领域的核心内容已发展为一个持续受到广泛关注的热点，尤其是在深度学习大获成功之后。

在研究机器人智能时，自然要强调学习的本质。但我们要强调的是，这种学习必须是机器人自主学习。以机器人的人脸识别能力为例，自主学习是指机器人通过自己的眼睛（即安装在机器人身上的摄像头）不断地观察呈现在自己面前的人脸图像，最终正确识别出人脸。这个策略和过程必须是渐进的和终生的。换句话说，认知能力可以随着观察的增加而不断提高（增量学习），机器人的生命与人类的生命一样，是延续性的（终身学习的机器人）。

机器人智能的体现不是在单一任务中取代人类的能力，而是像人类一样智能地从事不同的任务，处理不同的情况。工业机器人对社会产生了很大的影响，极大地提高了生产力，但这种影响是“大”的，而不是“完美的”或者“颠覆性的”。只有具备通用智能的机器人才能真正显著改变人类的生产和生活。这当然非常困难，甚至可能无法实现，但机器人智能研究正在朝着这个目标迈进，将重点放在机器人如何自主学习，这绝对是一个很好的起点。

在电力系统方面，尤其是配网线路，各地的作业方式都稍有不同，对于人工而言，可以轻松认知什么是主线、引线、横担、柱上开关等，但对于机器识别来讲，固有的设备图像模型，并不能支撑机器人识别种类繁多的设备，况且设备的安装方式也不尽相同。这时，机器人自主学习就发挥了极大的优势。通过不停电作业，收集相关数据；通过人工智能训练，使得机器人对设备具有一定的辨识度，这个辨识度是随着训练样本的增加而增加的。可以展望的未来是，机器人能通过感光原件识别到对应的物体，而不是靠人工指定相关图像为某个设备。同样，在机械手臂运动规划方面，也不是按照固有的设定方式进行运作，是能够分析自己的运动规划是否合理；且在机器人无法规划运动时，记录人工摇操手臂，进行学习，下次遇到类似场景，机器人能判定场景，使手臂参照类似方式进行作业，甚至能突破创新。

二、VR/AR 技术

VR 是 Virtual Reality 的缩写，中文的意思就是虚拟现实，早期译为“灵境技术”。虚拟现实是多媒体技术的终极应用形式，是计算机软硬件技术、传感技术、机器人技术、人工智能及行为心理学等科学领域飞速发展的结晶，主要依赖于三维实时图形显示、三维定位跟踪、触觉及嗅觉传感技术、人工智能技术、高速计算与并行计算技术以及人的行为学研究等多项关键技术的发展。随着虚拟现实技术的发展，真正实现虚拟现实将引起整个人类生活的巨大变革。当人们戴上立体眼镜、数据手套等特制的传感设备，面对三维的模拟现实，会仿佛置身于具有三维的视觉、听觉、触觉甚至嗅觉的感官世界，并且人与这个环境可以通过人的自然技能和相应的设施进行信息交互。

VR 的核心就是沉浸感，早些年 VR 产品仅由几家科技巨头开发，例如 HTC、Oculus 等，挂起一阵旋风，但在国内并未掀起波澜，近一两年来，AR 生态开始逐步完善，越来越多的国内厂商加入了进来，在国内的应用推广得到了极大的提升。

那么 VR 和带电作业能碰撞出怎样的火花呢？其实 VR 已经进入了配电系统的培训领域，以前电力设备的操作技能培训是基于实物进行的，人力物力损耗大；且在带电操作过程中，无法预判操作者是否规范操作，会存在较高的危险性。运用 VR 技术，模拟现场施工作业、电力设备巡检、电网运维等工作。消除安全隐患的同时，实现作业模拟引导，将生产运行指令以可视化方式提示。可视化和沉浸式的岗前 VR 技能培训可以提升培训效率。

这仅仅只是模拟，那么为何不能模拟一台机器人在进行不停电作业呢？如果这台机器人是真实存在的呢？当前通过平板电脑等平面设备无法很好地感知机器人对作业场景的相对状态，但 VR 的优势就是沉浸式地更接近真实的场景，通过拟人的作业方式，机器人接受更多的作业场景、完成更多的作业。

那么 AR 又是什么呢？VR 强调的是沉浸感，AR 则是图像与现时结合，是现时增强技术，当然目前真实投入使用的设备目前只有一个，微软的 HoloLens，目前也只是应用在培训领域，AR 最大的优势是根据现场实时图像，以模拟实际的图像方式在真实的物体上进行指导，而不是仅仅依靠语音和视频，同时访问者可以远程接入，以操作者第一人称视角进行在线远程指导作业。

当 AR 与 VR 结合起来时，我们似乎发现人好像没有必要去现场实际作业；依靠机器人，就可以进行远程作业。

三、5G 技术的应用扩展

相信大家已经或多或少接触到 5G 了，起码现在几乎所有的手机都支持 5G 网络，大家最直观的感受就是网速快，其实 5G 真正的意义在于万物互联——绝缘斗臂车可以接入网络，带电机器人可以接入网络，机器人控制器可以接入网络。万物互联带来的优势是精准的协同作业，据了解国网青岛供电公司应用 5G 远程控制配网带电作业机器人开展 10kV 金海线 1～15 号杆塔加装接地环工作，这种带电作业方式在国内尚属首次，在前期充分调研的基础上，国网青岛供电公司充分依托 5G 电力切片网络架构，积极开展 5G 远程控制及全景实时监控技术研究，在机器人端集成 5G 通信模块、搭建云台相机远程监控系统，在控制终端研发基于 5G 通信协议下的指令控制程序、嵌入高带宽流媒体播放单元，不断对 5G

模式下的机器人作业流程和整体功能进行优化改进，最终实现了作业人员远程控制，机器人现场作业的带电作业新模式。

5G 远程控制配网带电作业机器人虽然只是一个简单的探索，但其可以窥探到未来的带电作业就是无人作业或者远程作业，再结合当下热门的车辆自主导航技术，可以想象，一辆载有机器人的绝缘斗臂车，依托无人驾驶技术，自主来到作业地点，无需人员现场操作，就能展开车辆支撑腿、抬升斗臂，以及机器人作业，并在作业完成后返航。

我们坚信，这一天终将会到来！